艺术天堂的寺庙建筑

谢宇 主编

天津出版传媒集团

天津科技翻译出版有限公司

图书在版编目（CIP）数据

艺术天堂的寺庙建筑/谢宇主编.—天津：天津科技翻译
出版有限公司，2012.1（2021.6重印）

（建筑科普馆）

ISBN 978-7-5433-2970-6

Ⅰ．①艺…　Ⅱ．①谢…　Ⅲ．①宗教建筑－建筑艺术—
中国—普及读物　Ⅳ．①TU-885

中国版本图书馆CIP数据核字(2011)第279078号

建筑科普馆：艺术天堂的寺庙建筑

出　　版：	天津科技翻译出版有限公司
出 版 人：	刘子媛
地　　址：	天津市南开区白堤路244号
邮　　编：	300192
电　　话：	（022）87894896
传　　真：	（022）87895650
网　　址：	www.tsttpc.com
印　　刷：	永清县晔盛亚胶印有限公司
发　　行：	全国新华书店
版本记录：	710×1000mm　16开本　10印张　180千字
	2012年1月第1版　　2021年6月第3次印刷
	定价：35.00元

编 委 会 名 单

前　言

　　建筑是指人们用土、石、木、玻璃、钢等一切可以利用的材料，经过建造者的设计和构思，精心建造的构筑物。建筑的本身不是目的，建筑的目的是获得建筑所形成的能够供人们居住的"空间"，建筑被称作是"凝固的音乐"、"石头史书"。

　　在漫长的历史长河中留存下来的建筑不仅具有一种古典美，其独特的面貌和特征更让人遥想其曾经的功用和辉煌。不同时期、不同地域的建筑都各具特色，我国古代建筑多为木制结构，且建筑种类丰富，如宫殿、陵园、寺院、宫观、园林、桥梁、塔刹等；现代建筑则以钢筋混凝土结构为主，并且具有色彩明快、结构简洁、科技含量高等特点。

　　但不论怎样，建筑不仅给了我们生活、居住的空间，还带给了我们美的享受。在对古代建筑进行全面了解的过程中，你还将感受古人的智慧、领略古人的创举。

　　《建筑科普馆》丛书分为《气势恢宏的宫殿建筑》、《结构奇巧的楼阁建筑》、《异彩纷呈的民居建筑》、《艺术天堂的寺庙建筑》、《布局讲究的陵墓建筑》、《别有洞天的园林建筑》、《跨越天堑的桥梁建筑》、《传承久远的古塔建筑》、《日新月异的现代建筑》、《生动有趣的建筑趣话》十本。书中分门别类地对不同时期的不同建筑形式做了详细介绍，比如统一六国的秦始皇所居住的宫殿咸阳宫、隋朝匠人李春设计的赵州桥、古代帝王为自己驾崩后修建的"地下王宫"等。书中内容丰富，涵盖面广，语言简洁，并且还穿插有大量生动有趣的"小故事"版块，更显新颖别致。我们对书中的图片都做了精心地筛选，让读者能更加近距离地感受到建筑的形态及其所展现出来的魅力。打开书本，展现在你眼前的将是一个神奇与美妙并存的建筑王国！

　　本书融科学性、知识性和趣味性于一体，不仅能让读者学到更多的知识，还能培养他们对建筑这门学科的兴趣以及认真思考的能力。读者交流邮箱：xywenhua@yahoo.cn；交流QQ：228424497。

丛书编委会

2011年6月

目 录

目 录

目录

目录

佛教建筑艺术

佛教建筑的起源

佛教起源于公元前6至5世纪，为古印度迦毗罗卫国(今尼泊尔境内) 净饭王子乔达摩·悉达多(名悉达多，姓乔达摩) 所创立。后来，信徒们尊称他为"释迦牟尼"，意思就是释迦族的圣人。

佛教自东汉永平年间传入中国后，在中国广为流传。佛寺遍布名山大川，受到中国古代建筑艺术的影响，又因为中国自然环境、山川地势的特色，在印度"伽蓝"的基础上又有发展变化，形成了具有中国特色的佛教建筑。我国的佛教建筑共分为三大类：佛寺、佛塔和石窟。

中国汉地最早的佛寺建筑是洛阳白马寺。其前身是洛阳官署鸿卢寺。东汉永平十年（67），天竺（古印度）高僧迦什摩腾、竺法兰用白马驮载佛经、佛像到中土宣讲佛法，暂栖于京城洛阳鸿卢寺。后在此基础上营建佛寺，取名"白马寺"，这是佛教传入中国由官府营建的第一座佛教寺院，也是中国佛教建筑称"寺"的开始。但当时的佛寺，仅供西域来华的僧侣和商人们参拜使用，在法律上，尚不允许汉人出家为僧。

中国早期的佛寺建筑受印度佛寺的影响较大，寺院为廊院式，即每个殿堂或佛塔以廊围绕，独立成院，寺庙由多个廊院组

成。廊院的廊壁为佛教壁画提供了广阔的场所，形制布局主要体现为两类：一类以塔为中心，源于对印度佛教塔的崇拜，认为绕塔礼拜是对佛最大的尊敬；另一类中心不建塔，而是突出供奉佛像的佛殿。以殿堂代替中心塔的建筑观念，是由于中国世俗文化中对偶像的崇拜意识所致。隋唐以后，佛殿普遍代替了佛塔，寺庙内大都另辟塔院。

魏晋南北朝时期，因为时局动荡、玄学的兴起，以及儒道与佛家在思想上一定程度的相通，佛寺建筑开始在中国兴盛起来。建筑布局也受到我国传统文化的影响，逐渐走向中国院落式建筑体系。尤其是佛教汉化以后，中国佛教建筑形成在中轴线上分布主要殿堂、左右置配殿的典型中国布局，形成三合或四合院落。

汉化后的寺庙建筑布局虽然仍是平面方形，但以纵深性南北中轴线布局、对称稳重且整饬严谨。此外，园林式建筑格局的佛寺在中国的分布也较普遍。这两种艺术格局使中国寺院既有典雅庄重的庙堂气氛，又极富自然情趣，且意境深远。

中国传统文化对佛寺建筑思想的控制性影响，使其布局原理与世俗宫殿建筑大体相同，结构又受到四合院的启发，形成中国佛教建筑院落重重、层层深入的特点。中国古代帝王又喜讲受命于天，好求得道成佛入仙，当然也使宫、观、寺、庙等宗教建筑带有皇家气派，以体现中国宗教"以乐为中心"的文化审美思维模式，使佛教传入初始就呈现出向世俗化发展的气象。又因宗教不肯与世俗文化太过亲近，因而在闹市之外寻了一方净土圣山，建起了"自我修养"的殿堂，却又不能不食"人间烟火"，便将印度以"塔"敬仰为主题的设计改为以"殿"安身为中心的布局。因此，欣赏宗教宫、观、寺、庙应该先从心性静养的角度来品评体验。

佛教建筑的发展

佛教传入中国后，作为佛教文化实际载体的佛寺建筑也随之传入中国，并中国化地发展起来。"寺庙"是完全中国化的名字，"寺"是中国古代官署的名称，"庙"本是中国土生宗教建筑的泛称。

东汉年间，两僧迦什摩腾与竺法兰带着佛经、佛像到中国洛阳，下榻管理外交礼仪的官署鸿卢寺。后汉明帝将由鸿卢寺改建的僧院沿用了"寺"名，又因为是用白马驮经而来，故中国佛教的第一寺就叫"白马寺"，这是中国佛寺建筑的开端。此时的佛寺还是以供奉佛祖释迦牟尼的舍利塔为中心柱的建筑形制。

南北朝时期是中国佛教建筑发展最为风靡的时期，"南朝四百八十寺，多少楼台烟雨中"。此时，佛寺建筑主要呈现院落式格局，建筑特色因受追崇五百罗汉之风的影响，以罗汉堂建筑为突出特点。

唐、宋时期，佛寺建筑逐渐与中国的四合院院落式建筑布局结合，形成以殿堂式建筑为寺院建筑主体的建筑形式。唐、宋寺院建筑形制主要盛行"七堂迦蓝"制度，即佛殿、法堂、僧堂、库房、山门、西净、浴室，较大的寺院还有钟鼓楼、罗汉堂等。

明、清时期，山门、天王殿、大雄宝殿、后殿、法堂、罗汉堂、观音堂(殿)成为寺院的常规建筑。

北京雍和宫

雍和宫位于北京城东北部的安定门内，它是北京最大、保存最完整的一座喇嘛庙，占地约6.6万多平方米。雍和宫修建于清康熙三十三年（1694），原是清康熙皇帝四子胤禛的府地，称"雍王府"。1722年胤禛继位，并于1725年将"雍王府"改名为"行宫"，赐名"雍和宫"。1744年，乾隆出于封建迷信及政治需要，将雍和宫正式改建为喇嘛庙。

雍和宫的建筑以汉族风格为主，同时又结合了藏族寺院某些独特的建筑形式。寺院本身自南向北，沿着中轴线逐渐升高，这种阶梯式的构造更加显示了其浓厚的宗教韵味。

雍和宫的主要建筑物有天王殿、正殿、永佑殿、法轮殿和万福阁，共五进院落。其中第五进是万福阁，又名"大佛楼"，是雍和宫最高大的建筑，高23米，飞檐三重。大殿正中是一尊高大的迈达拉佛(弥勒佛)站像，此像地面以上的高度为18米，地下还埋有8米。佛像是由一整棵直径为3米的白檀木雕成，外表全部饰金，矗立在汉白玉雕成的须弥座上。楠木佛龛、檀木大佛、五百罗汉山合称为雍和宫"三绝"。

北京云居寺

　　云居寺位于北京西郊石经山麓，寺内保存着10 000多块石经板，7 000多块木经板和唐塔、辽塔，被誉为"北京的敦煌"。

　　云居寺始建于隋代（581～617）。寺名几度更改，有"石经寺"、"西裕寺"等称号，现在一般称其为"云居寺"。五代、辽、金、元、明时期几度被毁，又几度重建。近代以来，寺宇毁坏严重。20世纪三四十年代，由于日军的炮击，除山门、门前石狮、北塔和四座小塔以外，其余建筑荡然无存。1985年起，人们对云居寺进行了重建，天王殿、释迦牟尼殿、毗卢殿、弥陀殿、大悲殿以及配殿、僧舍等，均已修复。

　　云居寺之所以闻名全国，首先在于它保存着大量的石经。据调查，在石经山半山腰上的两排共9个石洞中，藏有石经板4 196块，压经塔地穴中藏有石经板10 082块。石板上刻有《大涅槃经》、《华严经》、《法华经》、《维摩经》等。这些石经，从隋代静琬法师开始刻写，直到明朝末年才宣告完成。由于经版刻写的时代不同，其形状和大小也不一样。一般来说，金、明时期刻制的经版尺寸较小，且多为横刻，表现了时代的特征。

　　在云居寺北，有一座辽塔，为砖砌，高30米。在辽塔四周，有唐塔四座，为石砌，高10余米。这是北京地区建造年代最早的古塔。

　　在毗卢殿内，还保存着从智化寺移来的木刻《龙藏》经版7 000多块。这样，云居寺就拥有石刻经版和木刻经版两个全国第一。

　　第五洞名"雷音洞"，是唯一一座开放式藏经洞，也是9个石洞中最大的一个。静琬最初所刻石经146块，一部分镶嵌于第五洞的四壁上。洞中有4根八角形石柱支撑洞顶，石柱各面均雕有小佛像共1 054尊，所以又称"千佛柱"。其他各洞都是封闭式，洞门封锢。1961年，国务院将雷音洞列为全国重点文物保护单位。1981年11月，中国社会科学院世界宗教研究所佛学家罗召在雷音洞内研修之际，还发现隋代所藏佛舍利。云居寺石经是我国的石经宝库，也是全世界的宝贵文化遗产，对研究我国佛教历史和典籍有重大意义和价值。

北京法源寺

法源寺位于北京市宣武区牛街东面的法源寺街，是北京城内新修的时间最早的一座佛教寺庙。

法源寺始建于唐贞观十九年（645），武则天万岁通天元年（696）建成，初名"悯忠

寺"，安史之乱时更名为"顺天寺"。中和二年（882），寺被火毁，后重建。五代时（907～960）改为尼庵。明正统二年（1437）大修，改名为"崇福寺"。清雍正十二年（1734）改建，更名为"法源寺"。1958年、1980年两度大修，使寺院殿堂再复旧颜。

法源寺建筑布局严谨。中轴线上的主要建筑有：山门、天王殿、大雄宝殿、悯忠台、毗卢殿、大悲坛和藏经阁等。东西两侧，还有寮房数百间。

法源寺不但历史悠久，殿堂宏阔，而且寺内保存的佛教文物也非常丰富。在大雄宝殿内，有明代塑造的释迦牟尼佛像，文殊、普贤菩萨像，清代木雕十八罗汉像。在大悲坛内，陈列着唐、五代、宋、元、明、清各代留下的佛经、贝叶经，以及用西夏文、藏文、蒙文、傣文书写的佛经。在藏经阁内，有元代铸造的青铜观音像，唐代和元代石雕佛像，以及金代留下的木雕菩萨像。在毗卢殿内，有一尊高达5米的五方佛铜像。这尊铜像铸造于明代，分三层：下

层为千叶莲瓣，每瓣一佛；中层为东、南、西、北四方佛像；顶层为毗卢佛。寺内最值得一看的还是悯忠台。

悯忠台初名"观音阁"，也叫"悯忠阁"，建于唐中和年间（881～884）。原阁七间三层，后毁并重建。现为碑刻和经幢陈列室。其中具有代表性的有：唐御史大夫史思明建、参军苏灵芝书的《无垢净光宝塔颂碑》，唐景福元年（892）刻立的《唐悯忠寺重藏舍利记碑》，以及辽碑、金碑和清碑等。

北京碧云寺

　　碧云寺位于北京市海淀区香山公园北侧的聚宝山东麓，创于元至顺二年（1331），经明、清扩建，才逐渐形成现在的规模。碧云寺是一组布局紧凑、保存完好的寺庙，寺院坐西朝东，依山势而建。整个寺院由山门至寺后的石塔组成，高度相差100余米。在中轴线上的前几重佛殿本为明代遗物，内有佛塑、佛雕，其中立于山门前的一对石狮、哼哈二将、殿中的泥质彩塑以及弥勒佛殿山墙上的壁塑皆为明代艺术珍品。寺院层层殿堂依山叠起，因寺院依山势逐渐走高，为不使总体布局景观外露，所以用回旋串联引人入胜的建造模式，每进院落各具特色，给人以层出不穷之感。

　　碧云寺至今已有600余年的历史。碧云寺山门前有一座石桥，紧靠山门的

是一对石狮子。山门迎面是哼哈二将殿。泥质彩塑二将像，分别站立于大殿两侧。哼哈二将殿两侧分列钟楼和鼓楼，形成第一进院落。

寺庙大雄宝殿正中供奉释迦牟尼坐像，左有迦叶尊者和文殊菩萨，右有阿难尊者和普贤菩萨。山墙上置放姿态各异、形象活泼的彩塑十八罗汉和《西游记》中唐僧取经的神怪故事，云山缥缈的境界，形之于立体雕塑上，增强了立体感与真实感，堪称明代艺术珍品。释迦牟尼塑像后是观音菩萨以及善财、龙王、龙女、韦陀等像，四周衬以观音菩萨悬塑以及山石云海等，同前殿浑然一体。

第三进院落以菩萨殿为主体，面阔三间，歇山大脊，前出廊，檐下装饰有斗拱，匾额上为乾隆御笔"静演三车"。殿内供奉五尊泥塑彩绘菩萨像，正中为观音菩萨，左为文殊菩萨、大势至菩萨，右为普贤菩萨、地藏菩萨。东西两壁塑有高1米左右二十四诸天神和福、禄、寿、喜四星像。塑像四周也有云山悬塑和小型佛教故事雕塑。院内古木参天，枝繁叶茂。其中的娑罗树最为珍贵，此树原产自印度，树顶像伞盖，枝干盘曲，叶片长圆，形状恰似枣核，每叉有5叶或7叶，故又被称为"七叶树"。佛祖释迦牟尼是在娑罗树下寂灭的，因而成为佛门之宝。

塔院位于寺院最后，院内南部有雕工精致的汉白玉石牌坊，牌坊两侧各有"八"字形的石雕照壁，照壁正面刻八个历史人物浮雕，并有题名。照壁小额枋刻有八个大字，左为"清诚贯日"，右为"节义凌霄"。塔仿北京五塔寺形状建造。

中轴线的左右两侧为罗汉堂和水泉院。罗汉堂顶部正中耸立着象征西方净土的宝塔、楼阁，正门内塑有四大天王，中心为三世佛，四面通道上各立有塑像一尊。寺内共有雕像508尊，全系木质雕刻，外覆金箔。五百罗汉按顺序排列，坐像高约1.5米，身材大小同常人。

水泉院中有一眼天然流泉，名"卓锡泉"，泉水甘甜爽口，泉水旁边是用太湖石堆叠而成的假山。院内最有名的是三代树。这是一株较为奇特的古树，柏树中套长柏树，最里层长着一株楝树，楝树依旧生意盎然。院内由花木、泉水、假山构成了一座优美、幽静的庭院花园。

北京大钟寺

　　大钟寺位于北京市北三环路西段北侧。寺内因保存着一口闻名于世的永乐大铜钟而享誉海内外，被辟为古钟博物馆。1996年，国务院将其列为全国重点文物保护单位。

　　大钟寺始建于清雍正十二年（1734）。以后屡经维修，殿堂等建筑保存完好。大钟寺占地面积为3.8万多平方米，建筑面积为3 700平方米。主要建筑有山门、天王殿、大雄宝殿、观音殿、藏经楼和大钟楼等。此外，寺内还有东西廊房以及钟楼、鼓楼等。

　　大钟楼位于寺院的后部，高20米，上圆下方，四周均有窗棂，内有旋梯，可以上下。横梁上挂着清朝皇帝乾隆亲笔题写的匾额"华严觉海"。钟楼内

悬挂的那口大铜钟，因镌刻有《华严经》，又称"华严钟"；因其铸造于明永乐年间（1403～1424），所以又称"永乐大钟"。

大钟高6.75米，钟口最大直径为3.3米，钟唇厚18.5厘米，重46.5吨。经统计，钟上刻有汉文经典八部、汉文咒语八项，计有汉文佛教铭文225 939字，梵文佛教铭文4 245字，总计230 184字。这些汉字字迹工整，据说是明代大学士、著名书法家沈度的手笔。

据说，这口永乐大钟是由当时的国师姚广孝监督制造的，经用现代技术分析说明，这口大钟铸造科学，既无砂眼，更无裂纹；钟内含有铜、锡、铅、锌、铁、镁、硅等，且各种元素比例合理；大钟的声波达120万分贝，低音频率丰富，钟声不但圆润悦耳，而且穿透力很强，声音可以传到50千米以外，余音可绵延1分钟以上，堪称古钟中的上乘之作。

1985年10月，大钟寺古钟博物馆正式成立。400余件古代编钟、乐钟、道钟、佛钟等，一一展现在观众面前。墙上和钟旁的图片与文字，向人们述说着我国古钟的发展历史。

北京灵光寺

灵光寺位于北京西山余脉翠微山东麓，是著名的"西山八大处"之一，因供奉释迦牟尼佛牙舍利而闻名于世。

灵光寺创建于唐代大历年间（766~779），初名"龙泉寺"。金世宗大定二年（1162）重修，改称"觉山寺"。明英宗正统年间（1436~1449)该寺扩建后，改称"灵光寺"。

灵光寺之所以闻名中外，就是因为该寺中供奉有佛牙舍利。相传，佛祖释迦牟尼圆寂火化后，留在世上两颗佛牙舍利，一颗传到锡兰（今斯里兰卡），一颗传到当时的乌苌国（今巴基斯坦境内），后由该国传到于阗（今我国新疆和阗县）。公元5世纪中期，南朝高僧法显西游于阗，把这颗佛牙舍利带回南齐首都建康（今南京），秘不示人达15年之久，临死才将佛牙舍利献出。后舍利一度失传，南陈时期陈武帝得此舍利。隋灭陈后，佛牙舍利被送到长安。五代时期，中原战乱，佛牙舍利又辗转传到了当时北辽都城燕京（今北京）。辽相耶律仁先之母郑氏建招仙塔，咸雍七年（1071）八月，塔建成后，佛牙舍利便供奉在塔内。

1900年，八国联军入侵北京时，灵光寺和招仙塔毁于八国联军炮火。寺中僧人收拾残局时，发现落在地上的塔顶石刻露盘，上有铭文："大辽国公尚父令丞相大王燕国太夫人郑氏，咸雍七年工毕。"据此可以证明，招仙塔为辽时所建。另外从塔基内发掘出一石函，函中装有一沉香木匣，木匣上有题记："释迦牟尼佛灵牙舍利天会七年四月廿三日记善慧书。"天会七年(963)是五代时北汉王朝年号，善慧是北汉名僧。据此可知，这颗珍贵的佛牙在北汉时期已装匣保存。

佛塔遭毁后，已无处供奉佛牙舍利，灵光寺中的僧人只有

将其秘密保护，精心保存。直到1955年，才由中国佛教协会迎至广济寺，供奉在舍利阁七宝金塔中。1957年，由中国佛教界发起，在原塔址西北重建新塔，以永久供奉佛牙舍利。1964年，一座庄严雄伟的佛牙舍利塔在西山灵光寺落成，并修建了山门殿和配殿，形成一个以佛牙塔为中心的佛教寺庙建筑群。

新佛牙舍利塔建筑得非常精美。底部以汉白玉石作塔基，饰以莲花石座和玉石雕栏。每层镶刻有石门、石柱、石窗。塔身形制为八角十三层密檐，高51.32米，塔顶为八角攒尖，绿色琉璃瓦覆顶。宝顶采用印度式，通高6.05米，由鎏金覆钵、宝珠、相轮和华盖等物件组成，挺拔耸立，金光闪烁。该塔采用现代建筑的施工技术，在造型上保持了中国古代佛塔的传统。整座宝塔从外观看，雕刻精美，挺拔秀丽，神圣庄严。塔内共七层殿堂。底层为碑室，周墙遍镶石刻碑记与经文。碑室外缘绕以石梯，盘旋而上就到了供奉佛牙的舍利堂。堂中设置金刚座和彩绘屏风，以七宝金塔供奉佛牙舍利。七宝金塔系清乾隆年间制，为纯金铸造，重153千克，上嵌861颗宝石和珍珠，精美绝伦，价值连城。堂内墙壁用大理石嵌成，堂顶装贴金蟠龙藻井，显出庄严肃穆、恬静祥和的气氛。上面几层分别供奉着汉、藏、蒙、傣各族佛教经典、塑像和法器。院内古树参天，花木扶疏，并有莲花水池，飞泉瀑布。宝塔耸立其中，尤为壮观。

1983年，灵光寺被国务院确定为汉族地区佛教全国重点寺院。

北京戒台寺

戒台寺位于北京门头沟区马鞍山麓，又名"万寿禅寺"，因为寺内有一座全国驰名的大戒台，所以人们称此寺为"戒台寺"或"戒坛寺"。

戒台寺坐西朝东，建于山麓缓坡上，主要殿堂沿两条东西向的轴线建筑而成。南侧靠前是大雄宝殿一组，由低处逐步升高。北侧靠后是戒殿一组，全部建于高台上。殿堂四周分布着许多庭院，各院内有精美的叠山石，葱郁的古松、古柏，加上古塔、古碑，花开泉流，显得格外清幽。寺院内有山门殿、钟鼓二楼、天王殿、大雄宝殿、千佛阁（遗址）、观音殿、三仙殿、九仙殿等，殿宇依山而筑，层层高升，甚为壮观。

闻名海内的戒坛在位于西北院内正中的戒坛殿，有"天下第一坛"之称，它与泉州开元寺戒坛、杭州昭庆寺戒坛并称为全国三大戒坛。戒坛高3.5米、正方形的三层汉白玉台座，底座边长约11米。每层石台外围均雕有数百戒神。原来石龛外还有24尊身高1米的戒神，环列戒台四周。戒坛殿顶中央有一藻井，几条金雕卧龙盘于其上，最深处有一条龙头向下，象征蛟龙灌浴。戒台最上层的中央是释迦牟尼佛像。像前原置雕花沉香木椅十把，上首三把，为授戒律师座；左边三把，右边四把，是受戒证人座，称"三师七证大师座"。寺中有千佛阁，过去此阁曾是全寺的中心建筑，现在只有台基及柱础遗存，登阁远望，可望百里。阁为七开间，外观为两层，中间有腰檐及平座暗层，庑殿顶阁高20余米。内部两侧各有5个大佛龛，每龛内有28个小龛，每个小龛内有三座形态不同的佛像，总计全部佛像在1 000个以上，所以被称为"千佛阁"。

寺内其他建筑物还有很多，如南北宫院、方丈院以及寺东南角高台上的两处小四合院等，均属王公贵族及僧众居住用房。北宫院，又称"牡丹院"，皇六子恭亲王奕䜣曾在此隐居，院分两进，前院有叠石假山，后院广植牡丹，甚为名贵。

戒台寺以"戒坛、奇松、古洞"著称于世。戒台寺古树极多，以松柏最为有名，寺内古松柏有的为辽、金代所植，松树枝干虬曲离奇，可坐可卧，著名的有"自在松"、"卧龙松"、"九龙松"等。最为罕见的是"活动松"，人们随意拉动它的任意一节松枝，整棵树的枝叶便会跟着摇动，就像一阵狂风正在袭来。乾隆皇帝在此曾留下一座"题活动松诗"的小石碑。碑上所题诗二首云："老干棱棱挺百尺，缘何枝摇本身随。咄哉讹为挈其领，素动万丝因一丝。""摇动旁枝老干随，山僧持以示人奇。一声空谷千声应，借问神通孰所为。"

1996年，戒台寺被国务院公布为全国重点文物保护单位。

北京法海寺

　　法海寺位于北京市石景山区模式口村的翠微山麓。寺内拥有驰名全国的保存完好的明代壁画。1988年，国务院将法海寺列为全国重点文物保护单位。

　　法海寺始建于明正统四年至八年（1439～1443）。弘治十七年（1504）至正德九年（1514）大修。作为一座皇家寺院，当年的法海寺规模宏大，殿堂雄伟，壁画琳琅满目。经过500多年的历史沧桑，法海寺的许多重要建筑如伽蓝殿、四大天王殿、护法金刚殿、药师殿、祖师二堂等均已毁坏，现仅存山门、钟楼、鼓楼和大雄宝殿等建筑，壁画也仅存大雄宝殿中的9幅。

　　大雄宝殿中的明代壁画，分布在佛像坐龛、十八罗汉背后的墙壁和北墙门

左右两侧的墙壁上。

北墙门两侧的壁画，名为
《帝释梵天护法礼佛图》。画面
上有天帝、天后、天龙八部、侍
女等36人，其间点缀着祥云、佛
光和花草。画面生动，人物三五
成群，左顾右盼，神态自然。天
帝形象高大，长达2米的衣纹一
笔呵成，潇洒飘逸，令人称奇。

佛像坐龛后的三幅壁画，分别为水月观音、文殊菩萨和普贤菩萨，其中
以水月观音画得最好。观音肩披轻纱，上身半裸，胸挂璎珞，眉清目秀，屈右
腿，盘左腿，慈祥而又端庄。画面上的善财童子，韦陀、鹦鹉、绿竹、净水瓶
等，也画得十分生动、逼真。

法海寺中的壁画，是广大民间艺人采用朱砂、石黄、石青等矿物颜料，运
用叠晕、烘染、描金、沥粉贴金等手法创作出来的，颜色不但经久不褪，而且
线条流畅，各种人物、动物、植物形态鲜明，富有很强的艺术感染力。这些壁
画在我国古代绘画史上占有重要地位。

北京潭柘寺

潭柘寺位于北京市西郊门头沟区东南部的潭柘山麓。潭柘寺始建于西晋，距今已有近1 700年的历史，是北京地区最早修建的一座佛教寺庙，在北京民间有"先有潭柘，后有幽州"的谚语。潭柘寺在晋代时名叫"嘉福寺"，唐代改称"龙泉寺"，金代御赐寺名为"大万寿寺"，在明代又先后恢复了"龙泉寺"和"嘉福寺"的旧称，清代康熙皇帝赐名为"帕云寺"，但因其寺后有龙潭，山上有柘树，故而民间一直称其为"潭柘寺"。潭柘寺坐北朝南，背倚宝珠峰，周围有九座高大的山峰呈马蹄状环绕，这九座山峰从东边数起依次为回龙峰、虎距峰、捧日峰、紫翠峰、集云峰、璎珞峰、架月峰、象王峰和莲花峰，九座山峰就像九条巨龙拱卫着中间的宝珠峰，规模宏大的潭柘寺古刹就建在宝珠峰的南麓。

潭柘寺规模宏大，总面积在121万平方米以上。殿堂随山势高低而建，错落有致。现潭柘寺共有房舍943间，其中古建殿堂638间，建筑保持着明、清时期的风貌，是北京郊区最大的一处寺庙古建筑群。全寺建筑可分东中西三路：中轴线上建有牌楼、山门、天王殿、大雄宝殿、斋堂三圣殿（已不存）、毗卢阁。东路以庭院式建筑为主，有十间房、方丈院、万岁宫、太后宫、流杯亭、舍利塔等。西路是寺院式的殿堂组合，有楞严坛（已坍塌）、戒台、大悲坛、观音殿等。此外，山门外左前方还有一个院落，名为"安乐堂"，是和尚退休养老的地方。寺前为上、下塔院，有金、元、明、清各代和尚塔72座，是该寺及戒台寺历代方丈及有名禅师的墓地。寺庙东西的山坡上各有一座观音洞，还有歇心亭、少师静室等建筑。山门前建有石拱桥，桥南有一片苍劲的古松，树龄已有数

百年。寺后的半山腰上有泉水汇成的水池，名"龙潭"。整个建筑群充分体现了中国古建筑的美学原则，以一条中轴线纵贯当中，左右两侧基本对称，使整个建筑群显得规矩、严整、主次分明、层次清晰。其建筑形式有殿、堂、阁、斋、轩、亭、楼、坛等，多种多样。寺外有上下塔院、东西观音洞、安乐延寿堂、龙潭等众多的建筑和景点，好像捧月的众星，散布其间，组成了一个方圆数里，景点众多，形式多样，情趣各异的旅游名胜景区。

千百年以来，潭柘寺一直以其悠久的历史、雄伟的建筑、优美的风景、神奇的传说而受到历代统治者的青睐。潭柘寺在佛教界占有重要地位，从金代开始，在很长的一个时期内，是大乘佛教禅宗中临济宗的领袖，并且名僧辈出，历代的高僧大德们，为了研究佛学宗旨，为了弘扬佛法，为了潭柘寺的扩建和修葺，为了繁盛寺院的香火，作出了呕心沥血的贡献，而在《高僧传》上标名，名传千古。由于潭柘寺在政治上具有强大的势力，在经济上拥有庞大的庙产，在佛门有着崇高的地位，再加上寺院庞大的规模，故而享有"京都第一寺"的美誉。

北京广济寺

广济寺位于北京阜成门内大街。金代为中都北郊的西刘村寺，元代改建，明代天顺元年（1457）重建，更名为"弘慧广济寺"。以"戒行精严"著称。清初，几位高僧严持戒律，自足成为律宗道场。1953年春，中国佛教协会在此成立，广济寺从此成为中国佛教界活动的中心。

广济寺现在总占地面积为2万余平方米，山门临街，一排三座，以短墙环中护衔接。寺顶敷琉璃彩瓦，黄、绿二色相间，别致美观，寺院中轴线上自南向北依次排列有山门、天王殿、大雄殿、圆通殿、藏经楼，两旁先后配以钟、鼓楼和石狮护门、御赐石碑、讲经堂、图书馆以及玉雕戒坛等建筑。

天王殿前的一对石狮，双眉微蹙作怒相，更显威武。殿里供奉的明铸铜质弥勒菩萨像，璎络环身，法相庄严，令人肃然起敬。

大雄宝殿有一尊乾隆五十八年（1793）铸造的铜宝鼎，高约2米，鼎身铸有佛教八供（轮、螺、伞、盖、花、瓶、鱼、结）等花纹，造型古朴大方，工艺精湛，是珍贵的艺术珍品。

大雄宝殿后壁有一巨幅指画，为清乾隆九年（1744）画家傅雯奉乾隆皇帝谕旨用手指所绘，名《胜果妙音图》。画高5米，宽10米，是国内现存最大的一幅描写佛祖说法情景的壁画，也是一件佛教艺术珍品。

藏经楼藏有许多珍贵藏经。该楼现名为"舍利阁"，原因是新中国成立

后，曾将西山八大处灵光寺辽代画像千佛塔遗址中发现的佛牙舍利移此供奉，遂改此名。1964年，重建的佛牙塔在原址落成，又将佛牙舍利移还其中，然阁名未改。

广济寺内最具佛教特点的文物是"三世佛"像和"三身佛"像。"三世佛"存大雄宝殿，从东至西为过去世的迦叶佛、现在世的释迦牟尼佛和未来世的弥勒佛。"三身佛"是释迦牟尼的三种身像，即法身、报身、应身，供奉在多宝殿内。

舍利阁西边有小院落，院中正殿内砌有一座汉白玉石雕戒坛，为清康熙三十七年（1698）住持恒明的弟子湛佑所置，雕刻精美，保存完好，是北京城内唯一的戒坛。

天津独乐寺

天津独乐寺，取"独享天下之乐，不与他人同乐"之意。主要建筑特色表现在其辽代建筑的山门和观音阁上，在我国古建筑史上占有极其重要的地位。辽代建筑，上承盛唐木构架遗风，下启宋代严谨形制。其山门是中国现存最早的"四坡五脊"庑殿顶山门，坡顶造型舒缓，檐向外伸幅度大，檐角如飞翼，生动别致。两端的鸱吻张口吞脊，长尾翘而向内卷，是我国现今发现的古建筑中年代最早又独具特色的鸱吻。

独乐寺观音阁是中国现存双层楼阁木结构建筑最高的一座，也是中国木结构建筑的精华作品，其"虚实相间、明暗相济、阴阳相合"的建筑特点，是中国传统文化中"内涵大、城府深"的"幽明"美学在建筑学上的反映，建筑风

格对后世的楼阁建筑有很大的影响。整个建筑表现为一座层次叠加的建筑，每一层都有各自的梁柱、斗拱系统，最上一层就是将一座单层建筑摆放其上。因为上下层的柱子不对位，为减少柱子所受力的剪切差异，于柱根部垫一横木；并为防止结构变形，上下的空井也有造型上的区别，下层为方形，上层为六角形。观音阁中，观音头部的"斗八藻井"，光线自第三层明间的前檐门窗中透射进入，正好照在人像的面庞，余光自上而下折射，让敬仰的信徒们仿佛笼罩在神圣

的佛光中，从而产生"出世"的超自然宗教神秘意味。

　　独乐寺的另一奇特处是，山门与观音阁之间及其两侧，都用回旋往复式的庑廊连接。这是唐、辽时期佛寺布局特有的一种配置。

天津大悲禅院

大悲禅院位于天津市河北区天纬路，是天津市保存完好、规模最大的一座八方佛寺院。由西院和东院两部分组成，西院又叫"旧庙"，始建于清顺治年间，康熙八年（1669）扩建，由文物殿和方丈院等组成；东院又叫"新庙"，建于1940年，由天王殿、大雄宝殿、大悲殿、地藏殿、配殿、耳房和回廊组成，是寺院的主体。

该寺设有大悲院素斋，为佛教徒和素食爱好者服务，是天津独特的也是唯一的宗教素食斋舍。

位于院中央的大雄宝殿内曾珍藏着魏、晋、南北朝至明、清各代铜、木、石刻造像数百尊，工艺和艺术水平很高。院内朱门绿瓦，佛坛高筑，松柏参天，庄严静穆，是全国重点佛教寺庙之一。

现在，旧庙文物殿内珍藏有魏、晋、南北朝至明、清各代的铜、铁、石、木佛像数百尊，这些大都是由云冈、龙门石窟等地被盗取而被海关扣留的千年以上的文物，具有较高的艺术价值和考古价值。

大雄宝殿供奉的铜铸烫金释迦牟尼像，由静海县移来，为明代所铸。高7米，连同莲花座重6吨，莲花座上雕有9 999个小佛。现在大悲院后殿里一尊高3.6米、宽4米的千手观音金身像，神态庄严、姿容动人。该寺曾以供奉过唐代名僧玄奘法师的灵骨闻名中外，1956年，灵骨转至印度那烂陀寺供奉，现玄奘法师纪念堂内下右设有模拟塔，塔内供有法师像代替灵骨。

承德普宁寺

　　普宁寺位于河北省承德市避暑山庄东北狮子沟的北坡上，是一座将汉、藏建筑风格融为一体的佛教寺庙。寺中有全国最高的木雕菩萨像。

　　普宁寺建于清乾隆二十年（1755）。当时，清朝政府平定了新疆、蒙古族准噶尔部的叛乱，为了庆祝这次平叛的胜利，欢迎来到承德的蒙古族厄鲁特四部首领，遵照蒙古族的宗教信仰，仿照西藏喇嘛教寺庙的建筑形式，修建了这座寺庙。同时，取天下太平、永远安宁之意，将它定名为"普宁寺"。

　　规模宏大的普宁寺建筑群，大体上可以分为两大部分。前部为中轴线分明、左右配殿对称的汉族宫殿式建筑。山门、碑亭、天王殿、大雄宝殿等，处于中轴线上。耸立在碑亭内的三座石碑，用汉、满、蒙、藏四种文字记述了清政府平定准噶尔叛乱的经过和修建普宁寺的原因。

　　普宁寺的后部是一组体现了以佛为中心的藏式建筑群。这组建筑群修建在一座9米多高的台基上。台的中央为大乘之阁，象征着佛的世界，这是中心。阁的两侧建有日殿和月殿，象征着太阳和月亮。阁的四面，建有4个台基，台基上建有殿宇，象征着佛教宇宙观中的四大部洲，即东胜神洲、南瞻部洲、西牛贺洲、北俱卢洲；还有8个白台，象征着八小部洲。阁的四角分别建有红、黑、白、绿色四座喇嘛塔，象征着佛祖释迦牟尼的降生、得道、初转法轮和涅槃。在阁的东南和西南角，各有一间小殿，是乾隆皇帝来寺休息和听活佛讲经的地方。

　　大乘之阁是仿照西藏扎囊县桑耶寺乌策大殿的形式修建的，高36米多。阁的前面为6层，两侧为5层，后面为4层，俗称"三样楼"。阁顶由5个攒尖式屋顶组成，中间的一个较为高大，四角的4个较为矮小，构成了一个金刚宝座的形式。阁内有一尊重达120吨、高22.28米的千手千眼观音菩萨木雕像，在菩萨像头冠前面和上面各有一尊佛像，这就是观音菩萨的老师无量寿佛。在观音菩萨的手上，分别拿着日、月、杵、乾坤带等法器。这尊菩萨像是用榆、杉、柏、桧等14根大木拼接雕刻而成的，它不但体量高大，而且各部比例匀称，堪称我国木雕艺术中的精品。

在观音菩萨像前，还有两尊各高14米的木雕神像，是观音的弟子善财和龙女。

1961年，国务院把它列为全国重点文物保护单位。

井陉苍岩山福庆寺

　　福庆寺在河北石家庄西井陉县境内苍岩山中。山峡之中有一个天然的大裂缝，缝的两侧为高陡的绝壁，从下斜上为千步石级，反转而上到达山顶。跨谷凌空建设一座单券大石桥，高达70多米。桥面上建有一座佛殿，佛殿为砖木混合结构，面阔五间，进深三间，四周有回廊，九脊歇山顶覆黄色琉璃瓦，飞檐挑角，斗拱重檐，构造精美，金碧辉煌。从下部向上仰望，大石桥宛如一条飞虹。在"飞虹"上建大殿，这种技艺真是巧夺天工，正如当地流传的一首诗："石桥飞跨石凌空，佛殿出现彩虹中。仰观绝壁高万丈，登临疑是到天宫。"福庆寺的主要建筑还有二书院、万佛堂、大佛寺、藏经楼、飞桥建殿、峰回轩、公主祠、玉泉顶等。

　　在福庆寺正殿之内，有南阳公主塑像，据《隋书》记述，南阳公主削发出家为尼姑，地点就在这个苍岩山福庆寺中。

　　除此之外，还有"说法危台"。峰回路转高峰突兀，在回栏之外峰顶巨石平滑，其势绝险，当时南阳公主就在这个地方说法讲经。

承德普陀宗乘之庙

　　普陀宗乘之庙位于河北省承德市避暑山庄正北面的山坡上，是承德外八庙中规模最大的一座寺院。外八庙修建于清康熙五十二年至乾隆四十五年（1713～1780），由溥仁寺、溥善寺、普乐寺、安远庙、普宁寺、普佑寺、须弥福寿之庙、普陀宗乘之庙、殊像寺、广安寺和罗汉堂等11座寺庙组成，因这11座寺庙分八处受北京雍和宫管辖，故名"外八庙"。乾隆三十五年（1770）是乾隆六十大寿之年，次年是皇太后钮钴禄氏八十寿辰，西藏、青海、新疆、蒙古等地各族王公首领都要求赴承德贺寿。乾隆异常重视这两次盛大集会，特令内

务府仿前藏政教领袖达赖驻地拉萨布达拉宫，在承德修建此庙。乾隆三十二年（1767）三月开工，原计划3年竣工，因施工后期失火，延至三十六年（1771）八月竣工，占地21.6万平方米。普陀宗乘是藏语"布达拉"的意译，因此庙规模比西藏布达拉宫小，俗称"小布达拉宫"。

　　普陀宗乘之庙总体布局与西藏布达拉宫相似，没有明显的中轴线。气势虽逊于西藏布达拉宫，但其占地之广、体量之大却为内地寺庙所罕有。全寺平面布局分前、后两部分：前部位于山坡，由山门、白台、碑亭等建筑组成；后部位于山巅，布置大红台和房堡。按特征分，可分为三部分：第一部分由山门、碑亭、五塔门、琉璃牌坊组成；第二部分是白台群，由若干大小白台组成；第三部分为大红台。白台群成"X"形，上拱大红台，下围山门、碑亭、五塔门和牌坊，这种建筑布局是中国寺庙建筑中所独有的。

　　第一部分，山门由藏式城台及汉式庑殿组成。城台为砖石结构，城台上起庑殿，前后设廊，廊内槛窗，两侧封实壁，面阔五楹，进深二间，单檐黄琉璃瓦顶，边沿施绿琉璃瓦边，中供护法神。山门北为碑亭，重檐黄琉璃瓦歇山顶，砖拱结构，土壁，四面开拱门，下承须弥台基。亭内立石碑三座：中为《普陀宗乘之庙碑记》，东为《土尔扈特全部归顺记》，西为《优恤土尔扈特部众记》。碑文用满、汉、蒙、藏四种文字镌刻，汉文为乾隆亲笔。碑亭以北为五塔门。此门高10多米，中辟三拱门，拱门上方有三层藏式假窗。门顶上建有一排五座覆钵式琉璃塔。五座喇嘛塔形式同中有异：高低、大小相同；都是下部为重叠的覆体，上部为相轮和宝盖，各部分比例相同。不同的是覆钵的形状和塔的颜色。对五塔门的象征意义说法不一：一说五塔为佛教中的胜利塔，表示长寿；一说五塔分别代表金刚界五佛；又一说五塔分别象征佛教中的五个教派。塔门前的一对石象，是大乘派的标志。普陀宗乘之庙内还有五塔台，其意义与五塔门应为一致。五塔门北为琉璃牌坊，三间四柱七楼形制，中楼前额"普门应现"，意为观音显现普度众生之门。后额"莲界庄严"，意为观音道场。

第二部分，大红台南及第一部分两侧散置30余座大小白台，成"X"形不规则布置。白台分殿台、楼台、敞台、实台，形状不一，体量不等，功能各异。层高一至四层，以二、三层居多，大都为白灰抹面，青砖镶边红色盲窗，琉璃砌顶，上檐挑出淌水长瓦。白台为藏式平顶碉房形制，建筑用汉族砖混结构法式。有的两座白台组合成一处院落作僧房；有的白台砌成实心。只起障景增景及点缀作用。白台群总体效果表现了西藏布达拉宫前山脚下梵宇的特征。琉璃牌坊北为罡子殿，四面砌藏式碉房高墙，墙面设三层盲窗，东、南为僧房，借用围墙为后墙。西砌蹬道，北面僧房顶起庑殿，单檐琉璃瓦顶，内设大威德坛城一座，供吉祥天母、四面护法神、大梵天。

第三部分即大红台，位于普陀宗乘之庙的最高处，面积为1.03万平方米。因巧妙利用地形将几组建筑连成整体，视觉上予以夸张，更显威严庞大。正面基层是白台，实心，高17米，下部砌花岗岩条石，上部砌砖，壁设梯形盲窗，东西两面砌石阶蹬道可达白台顶部。白台之上起红台，高25米，上宽58米，下宽59米，七层。大红台南面正中嵌饰垂直琉璃佛龛6个，黄、绿相间，不仅起装饰作用，也是中轴线的标志。红台顶部砌女儿墙，墙下三面（东、西、南）装饰黄琉璃佛龛。红台内里五至七层为三层阁楼，每层44间，四面合围，也称"群楼"。群楼顶部西北角建慈航普度殿金铜瓦，檐六角亭形，二层匾额"普胜之界"，殿内匾额"示大自在"。内设讲经地坪，坪上供观音。东北角建

殿，门额"权衡三界"，内有额"精严具足"，内供铜质鎏金造像吉祥天母，前后有两个兽头人身的小型造像，底盘为大海。整组造像用青铜598千克、黄金57两，用工6 425个。

万法归一殿是普陀宗乘之庙的主殿，隐于大红台群楼之中，殿顶高出群楼，金光闪烁。底部因三层群楼合围，色调阴暗，上下光照对比鲜明，造成了森严肃穆的宗教气氛，是内地宗教建筑中的瑰宝。

普陀宗乘之庙不仅以楼阁殿宇的宏伟壮观闻名于世，而且以寺庙与园林的浑然一体远近闻名。寺内松柏成荫，花草烂漫，为庄严的寺院平添了许多秀色。

1961年，普陀宗乘之庙被国务院公布为全国重点文物保护单位。

山西浑源悬空寺

悬空寺是我国罕见的一座高空建筑，位于山西浑源县恒山峡谷内，始建于北魏晚期，堪称恒山第一奇观。它坐落在翠屏峰东侧的半山峭壁上，上载危岩，下临深谷。站在谷底向上望去，只见在刀劈斧削般的峭壁上，庙宇凌空欲飞，亭台楼阁鳞次栉比。当地民谣说："悬空寺，半天高，三根马尾空中吊。"传说"五岳寻仙不辞远"的诗人李白曾慕名而来，置身寺下，仰望仙宫，在一块峭石上飞笔题写"壮观"二字。当年徐霞客老人游完此寺后也叹其为"天下巨观"。

悬空寺内建有大小殿阁40座，其建造方式依据力学原理，在陡崖上凿洞穴插悬梁为基，梁柱上下一体，楼阁间用栈道相通。院内南北各有危楼对峙，既是碑亭，又是门楼，下砌砖壁，上筑楼阁，置身阁上，俯瞰谷溪风貌，仰望瀑布飞溅，有如置身石壁间。院中还有两座三层九脊歇山顶式悬空殿宫，南北对峙，中隔断崖，架栈道相通，游人至此，如履薄冰，其建造地点是悬空寺最惊险处。楼体下面就岩支撑的木柱不及碗口粗，人若踏上，如有晃动感。这两座飞楼层层可登，内有释迦殿、三官殿、纯阳宫、观音殿和三教殿；楼外设有三面环廊，使这悬空飞楼俊俏中又显庄重。

　　20世纪50年代后，当地人民在峡谷上建起了一座长150米、高55米的拦洪大坝，使这里的千年水患得以根治。如今石壁横天立，高峡出平湖，巨坝与古寺争奇，一条有四百多台阶的钢筋水泥悬空栈道，从悬空寺的门口一直通到水库大坝顶，将古寺与水库连成一体，使古老的悬空寺外又增添一处新的神奇景观。

小故事

　　清代同治年间重修碑记云："不知者以为神为之也。"清代诗人王湛初也曾瞻望飞楼发出了这样的疑问："谁凿高山石？凌虚构梵宫。屋楼凝海上，鸟道没云中。"奇巧的建造正如栈道上石刻所云："公输天巧。"那么谁是天巧神工的建造者呢？寺内的一块石碑作了有趣的记载，据说当年重修悬空寺时，一些匠人看到要在这绝地千尺的半山峭壁间修葺楼阁，纷纷摇头。后来一位姓张的工匠，率众承揽了这桩难事，他们先把所有材料在山下加工好，然后再运到寺顶山头上，用绳索连人带料吊下半崖，荡在空中修好了寺庙。

　　古人夺天巧，当代更风流。古人传说有位仙人来到恒山，告诉人们，如果在峡谷峭岩上建一座空中寺院，就能锁住横行于恒山金龙峡谷中的洪峰。然而悬空寺虽然建成，却未能锁住洪灾。

五台南禅寺

南禅寺位于山西省五台县境内，在五台山西部边缘小营河东岸的一处土岗上，距县城22千米，距五台山佛教中心区台怀镇100千米，是五台山佛教寺院中最小的一座。

南禅寺建于唐代，具体年代无考，寺内碑石只记载了南禅寺是唐代五台山郭家寨、李家庄两村集资所建的香火庙。大雄宝殿横梁上记有："……时大唐建中三年，岁次壬戌，月居戊申，丙寅朔，庚午日，癸未时，重修殿。法显等谨志。"这一记载说明，唐建中三年（782）前寺院就已经存在了，而且时间不会很短，不然无须重修。

即使按横梁上所记重修时的年代推算，这座大雄宝殿也比同时期的五台山佛光寺东大殿早75年。它是经唐武宗"灭法"劫难并一直保留至今的唯一的一座木构大殿。佛光寺东大殿重建于唐武宗"灭法"后的十二年（857）。南禅寺大殿在我国千余年漫长而多难的封建社会中，能避过一切劫难幸存下来，其中奥秘，一则不是官家寺院，又远离五台山佛教中心区；二则较小，较少引人注意；三则所处地区没什么军事价值，也不是交通要道。有了这些因素，它才逃过了人为的毁坏。至于自然界对它的侵蚀，是靠郭家寨、李家庄子子孙孙的维护来弥补的。现在，南禅寺是我国古代木构建筑中历史最久远的一座佛寺，被誉为"中华古刹"，是中国木构建筑中的瑰宝。

南禅寺坐北朝南，由并排两个小型四合院式建筑组成：东院是僧舍，西院为佛殿。西院的建筑依次是山门、龙王殿、菩萨殿、大雄宝殿等。大雄宝殿面阔三间，是唐代木构建筑，单檐歇山式大屋顶，举折平缓，是我国现存古建筑中最平缓的一例。它出檐深远，翼角刚健，殿顶覆板瓦，顶脊两端立高大的鸱吻，气势极雄伟。殿间装板门，两次间施直棂窗，只有柱头斗拱，无补间铺作。斗拱尺度相当大，拱头卷刹均五瓣。殿堂内没有柱子，平梁上不用矮柱。这样高超的建筑水平，在我国古建筑中是少有的。

大殿内建一大佛坛，坛长8.4米，宽6.6米，高0.7米，为束腰须弥座式。坛上有十八尊彩塑佛像，这些彩塑同敦煌的唐代彩塑相同，当属唐代彩色塑像。佛像不但逼真、精湛，很有性格特色，且都仪容丰满、神态自然，还排列得主次分明，是我国古代精美的彩塑，具有很高的科学价值和艺术价值。其排列次序是：释迦牟尼居中，左右为文殊和普贤菩萨，其余弟子、童子等分列文殊、普贤两旁。这是唐代佛像布局的一种方式，也是研究佛像布局的一个好例子。

五台山显通寺

显通寺位于五台山中心区、菩萨顶脚下，周围山峦起伏，寺内殿阁巍峨，兼有苍松翠柏穿插其间，佛教气息浓郁。

显通寺始建于东汉永平年间（58～75），初名"大孚灵鹫寺"。北魏时期扩建，也称"花园寺"。唐贞

观年间（627～649）重建，改名为"大华严寺"。明洪武年间（1368～1398）重建，赐名"大显通寺"。以后，明成祖朱棣赐名"大吉祥显通寺"，明神宗朱翊钧再赐名"大护国圣光永明寺"，清康熙二十六年（1687）改名为"大显通寺"，直到今天。布局严谨的显通寺，占地面积为4.3万多平方米，有大小房屋400余间，是佛教圣地五台山规模最大、历史最久的一座寺院。布列于中轴线上的7间大殿，从南往北，依次为观音殿、大文殊殿、大雄宝殿、无量殿、千钵文殊殿、铜殿和藏经殿。钟楼、配殿和僧房布于两侧。

藏经殿里陈列有各种书画文物珍品，尤其是《华严经》字塔更是价值不菲。

显通寺的大雄宝殿是举办佛事活动的场所，殿内正中央供奉有释迦牟尼、阿弥陀佛、药师佛的塑像，整座大殿开阔疏朗，古色古香。无量殿是一座砖砌结构建筑，里面供奉有铜铸毗卢佛，该殿奇特之处在于没有房梁，形制非常独特，艺术价值较高。铜殿是一座青铜建筑物，殿内有上万尊小佛像，造型精

美，是国内罕见的铜制文物。在显通寺前的钟楼里，有五台山最大的铜钟——长鸣钟，钟的表面还刻有一部万余字的楷书佛经。

同五台山的其他佛教寺庙一样，显通寺中主要供奉的依然是文殊菩萨像。在大文殊殿内，供奉着七尊文殊菩萨像。在千钵文殊殿内，供奉着一尊千钵文殊铜像。这是显通寺中的一件最为珍贵的文物。千钵文殊的上部有五个头像；胸前有手六只，其中两手捧一钵，钵中有释迦牟尼佛坐像一尊。文殊像的背后伸出手臂千只，每手一钵，每钵均有一尊释迦牟尼佛像。因此，这尊铜像又被叫做千手千钵千释迦文殊菩萨像。此像铸造于明代，十分珍贵。

铜殿和铜塔，是显通寺中保存的又一件珍贵文物。它们均铸造于明代万历年间（1573～1619）。铜殿高8.3米，宽4.7米，深4.5米，重5万千克。铜殿内壁铸满了佛像。隔扇外壁，铸满了二龙戏珠、玉兔拜月、丹凤朝阳等图案和花卉、鸟兽等，非常精致。铜殿前原有八面十三层的铜塔五座，象征五台，现仅剩两座，更为珍贵。

无量殿面宽七间，进深四间。四壁砖砌，顶铺方木。殿内无柱无梁，四壁有走廊一圈，有楼梯可通。殿外无檐无廊。殿前正面，每层有龛洞七个，象征着释迦牟尼在七个地方、九次讲完佛经。所以，此殿也被叫做"七处九会殿"。这样的砖砌无梁殿，在全国并不多见。

除此以外，显通寺山门外的龙、虎碑，钟楼内重达4999.75千克的明铸大铜钟，藏经殿内宋代、明代经书和多达六十余万字、用八年时间写成的清代《华严经》字塔等，都是显通寺中异常珍贵的文物，观之令人惊叹。

五台山塔院寺

塔院寺位于山西省五台山台怀镇的大白塔处,寺以塔名。该寺原为大华严寺塔院。明成祖永乐五年(1407)扩充建寺,是五台山"五大禅林"之一、"青庙十大寺"之一,塔院寺坐北朝南,由横列的殿院和禅堂僧舍组成。中轴线上的建筑有影壁、牌坊、石阶、过门、山门、钟鼓楼、天王殿、大慈廷寿宝殿、塔殿藏经阁,以及山海楼、文殊发塔等建筑,气魄雄伟,有殿堂楼房130余间,占地面积为1.5万平方米。

塔院寺大白塔十分著名,是五台山风景区的标志性建筑。该塔全名为"释迦文佛真身舍利塔",略称"释迦舍利宝塔"。因其外部覆抹白灰,通体皆白,民间俗称"大白塔"。大白塔究竟有多大?据1981年实测,其地上部分高56.4米,比北京妙应寺白塔要高出5米多,堪称中国覆钵式塔的最高者。基座环周长83.3米,地下基础还有10米深。大白塔傲然耸峙于群峦众寺之间,被誉为"清凉第一圣境"。

据专家考证,此地在东汉明帝以前就有佛塔了。据传,公元前486年,释迦牟尼佛圆寂后,其尸骨炼就成84 000个舍利子,古印度阿育王用黄金七宝铸成了84 000座佛舍利塔,分布于大千世界中。中国有19座,五台山独得其一,称之为"慈寿塔"。东汉明帝时，西域僧人摩腾看到五台山台怀之地似佛祖所说的灵鹫山，且此地已有一佛塔，才奏明汉明帝在五台山修筑寺院的。由此可知，慈寿塔建造于五台山兴建佛寺之初。现在的大白塔，始建于元大德六年（1302），由尼泊尔匠师阿权尼哥设计建造，建塔时将以前的慈寿塔砌于大塔腹中，可谓塔中有塔。建成后，最初作为显通寺的塔院，明永乐五年（1407），朱棣命太监杨升重修此塔，并独立起寺。

大白塔位于殿阁之间，雄伟挺拔，直指蓝天，有气盖山河、一览五台的气概。塔基为正方形，塔座须弥座南面有三个很浅的石洞，右边石洞中立有佛的迹象碑，碑上有释迦牟尼双足印图。据说释迦牟尼临终前曾在石碑上留下足迹，那足印长53厘米，宽20厘米，足心有千辐轮相和宝瓶鱼剑图，十个足指有华纹"卐"字。唐玄奘去西天取经时见此碑并临摹下来，又在长安勒石建庙。明万历十年（1582），大白塔重建落成当晚，塔寺中明成、如意两位和尚同晚异梦，一人梦见莲花生于塔侧，一人梦见月轮现于塔际。天亮，各言所梦，觉得奇怪，正好来了一个叫正道的僧人，携着玄奘所绘的佛足图。两人大喜，倾囊募捐，依图勒石，立碑于大塔旁侧。塔台四周筑有碑垣，四隅分别建有六角攒尖亭。所有这些都给这座巍巍高塔增添了几分神秘色彩和肃穆的气氛。该塔通体洁白，塔身状如藻瓶，从下至上，精细相间，方圆搭配，造型优美。塔顶上，盖铜板八块，按乾、坎、艮、震、巽、离、坤、兑八卦安置，拼成圆盘形状，其上为风磨铜宝瓶。圆盘周长23米多，铜顶高5米多，从铜顶到铜盘边缘有铜链固定，望去似北方草帽，南方斗笠。圆盘边缘，还吊装36块铜质垂檐，每块长2米余，宽近1米。各垂檐下端，又挂风

铃3个，连同塔腰风铃在内，共有252个。每逢风和日丽，鸟雀围翔，风吹铃响，悠然成韵。大白塔是我国建塔史上的杰作，为我国塔式建筑中少见的珍品和孤例。大白塔也是朝台佛教信徒心目中的偶像。香客多绕行白塔还愿，一边走一边念经或叩头，一边抚转法轮。许多佛教徒到五台山，要朝拜的第一圣迹，就是大白塔。

在大白塔东侧，还有一座高约7米砖构文殊发塔，外抹白灰，通体白净，状如宝葫芦。相传文殊菩萨显圣遗留的金发，就藏在其中。大白塔北侧建有面宽五间、高二层的大藏经阁。藏经阁内有一木制经架，叫"转轮藏"，六角形，33层，高约10米。最上面一层周长为11.5米，最下面一层周长为6.5米，构成上大下小的形状，每层分若干小格，放置经书。最下层底下有转盘，人力推动，能够来回运转。按佛教的说法是，转轮诵经，能为朝山拜佛者消灾除难。藏经阁现存汉、蒙、藏多种文字经书2万余册，其中2 000余册经卷为国家善本书。

1983年，塔院寺被国务院确定为汉族地区佛教全国重点寺院。

大同华严寺

华严寺坐落在山西省大同市城西。寺内保存着珍贵的辽、金建筑和辽代彩色泥塑像，被誉为辽、金艺术博物馆。1961年，国务院把它列为全国重点文物保护单位。

华严寺始建于唐朝，是当时佛教华严宗五大寺庙之一。会昌年间（841~846）灭法，寺毁。辽代重建，并供奉辽诸先帝的石像和铜像，华严寺成了辽帝的祖庙。保大二年（1122），寺内部分建筑被火烧毁。金、明、清时期，多次重修、大修或维修，使该寺保存至今，但寺院的面积却比辽代小得多。

坐西朝东的华严寺分为上寺和下寺两大部分。上寺在下寺的西北角，两寺相距不远。上寺的主要建筑有山门、前殿和大雄宝殿，祖师堂、禅堂、云水堂等分列左右。下寺的主要建筑有山门、天王殿和薄伽教藏殿。此外，还有碑亭和配殿等。

薄伽教藏殿是下寺的主殿，建于辽重熙七年(1038)。此殿为重檐歇山式屋顶，面宽五间，进深四间，殿基高3米。按照梵文的意思，此殿是存放佛经的地方。所以，在殿内的左、右、后三面墙壁下方，共有壁藏——藏经柜36间。藏经柜外观二层，称为"重楼式壁藏"。柜内也分两层：上层为佛龛，供佛像；下层为经柜，藏经书。现壁藏内仍存有佛经18 000余册。在后墙上方正中偏西处，有一座木桥与一座高悬的楼阁相通，这就是著名的天宫楼阁和圆桥。壁藏和天宫楼阁在我国的古代建筑中都比较少见。现殿内的梁枋彩绘、天花板彩绘和藏经柜等，也都是辽代的遗物。

薄伽教藏殿内，还有辽代彩色泥塑的佛像、菩萨像、天王像和供养人像等31尊。其中有一尊合掌露齿菩萨像，神态自然，富有人情味，是辽塑中的一件珍品。

大雄宝殿是上寺的主殿，为金天眷三年（1140）重建后的遗物。此殿为单檐庑殿顶，面积达1 559平方米，是全国现存较大的一座佛殿。因为采用减柱法建造，殿中减少立柱12根，扩大了空间。大雄宝殿中共有明代彩色泥塑佛像33尊。正中供奉的是5方佛。两侧有天神塑像22尊，每尊均前倾15度，实不多见。墙上有清代绘制的壁画20幅，大小人物5 000余个，面积达800多平方米。

这些壁画，有释迦牟尼说法图、千手千眼观音图、罗汉图、善财童子图等，使整个大殿充满了浓厚的宗教气氛。

太原崇善寺

崇善寺位于山西省太原市上马街中部南侧，原名"白马寺"，后改"延寿寺"，明初建为崇善寺，系"三晋名刹"。

明洪武十六年（1383），晋王朱纲（朱元璋的第三子）为纪念其母孝慈高皇后，差岳丈永侯谢成奏请朱元璋钦准，在白马寺旧址上建筑（扩建）新寺，历时8年，至洪武二十四年（1391）竣工。崇善寺原占地面积为14万平方米，沿中轴线由南往北，建有金刚殿、天王殿、大雄宝殿、毗卢殿、大悲殿、金灵殿等6座正殿。

每个正殿两旁均配左右对称的偏殿、画廊和方丈院。最雄伟的大雄宝殿，面宽九间，高约33米，四周围装饰有白石栏，屋顶装饰螭首、海鱼等，被誉为"玉佛殿"。

遗憾的是，寺庙于清同治三年（1864）被一场大火所吞噬，仅存大悲殿一组建筑，即现在的崇善寺。清光绪八年(1882)，在崇善寺的废墟上建起一座规模巨大的文庙，使崇善寺一分为二。对于它辉煌的过去，我们只能观看寺内现存明代绘制的"崇善寺平面图"借以神游，而不能亲睹了。现存的崇善寺，有山门、钟楼、大悲殿、东西厢房和西小院等，占地面积仅3 000平方米。

崇善寺无论是宏丽轩昂、舒展健美的木构建筑，还是造型奇特、比例匀称的密宗造像；无论是构图丰满、色彩绚丽的壁画摹本，还是从宋迄今的各种佛藏版本，以及各种雕刻等，都是研究我国古代建筑、雕刻、绘画艺术、印刷技术和宗教历史的弥足珍贵的实物资料，具有重要的历史价值和艺术价值。大悲殿是现崇善寺的主体建筑，矗立在宽厚的台基上。殿前有平旷的"凸"字形月台，殿身面宽七间，进深四间，重檐歇山顶，出檐深远、黄、绿琉璃瓦剪边，通高近20米。殿内正面须弥座上，三尊泥塑贴金菩萨并立，通高8.3米，为观音、文殊、普贤，称为"三大士"。三尊造像，比例适度，身容敦肃，体态健硕，面相丰圆，颜貌舒泰，服饰华丽，衣纹流畅，具有一种温文敦厚、雍容华贵、秀丽妩媚、和蔼慈祥、可亲可敬的神韵，是我国明代雕塑艺术的杰作。

据统计，寺内现存自北宋以来的各种刻印、手抄的经书总计3万余卷。有宋代的"碛砂藏"、明代的"普宁藏"、明洪武五年的"南藏"、永乐八年的"北藏"、明代用真金楷书的"华严经"、清代和尚刺血手书的"华严经"、日本影印的"大藏经"，还有一部泰山拓碑"金刚经"和部分道藏。这些珍贵的佛、道藏版本，不仅是我国木刻印刷史上早期的标本，而且是难得的古代书法、雕刻艺术佳作，也是研究我国古代哲学、文学、书法艺术、印刷技术和宗教历史的宝贵资料。

大悲殿内有两部珍贵的壁画摹本——《释迦世尊应化示迹图》、《善财童子五十三参图》，是明代成化十九年（1483）原崇善寺的住持，为了"庸存楷式，永昭常住"，特地请人依大雄宝殿两翼画廊上的壁画临摹下来的。虽经历600余年，依然绚丽如初，人称"宝石画"，是研究我国古代工笔画和宗教壁画的宝贵资料。

永济普救寺

普救寺坐落在山西省永济县的峨眉源上。寺内的莺莺塔具有特殊的回音、收音功能。它和意大利比萨斜塔等一起，并列为世界六大奇塔；同北京天坛回音壁、河南宝轮寺塔、四川潼南县大佛寺石琴一起，并称为我国古代"四大回音建筑"。

普救寺始建年代不详。隋朝时这里已有一座寺庙，名叫"西永清院"。唐代大修。五代时更名为"普救寺"。宋代重修。明嘉靖三十四年（1555），寺庙被地震毁掉。嘉靖四十二年（1563）重修。以后虽有维修，但寺内建筑损毁严重。1924年的一场大火和之后日军的破坏，使寺内殿堂被毁坏殆尽。1985年起再度修复。

普救寺分前、后两大部分。前部为寺院，后部为花园。寺院部分又分东、中、西三条轴线。东路轴线上的建筑有前门、僧房、枯木堂、正法堂、斋堂等。中路轴线上的建筑有天王殿、菩萨洞、弥陀殿、罗汉堂、十王堂等。西路轴线上的建筑有大钟楼、塔院回廊、莺莺塔、大雄宝殿等。花园中有树木花草、亭台假山等。这就是人们所说的情侣园。

莺莺塔是一座楼阁式砖塔，为方形，13层，高76.76米。塔内有甬道可以上达。此塔重建于明嘉靖四十二年（1563），但还保持着某些唐塔的特征，如方形、塔檐微呈凹曲线等。如果在塔旁击蛙石处，以石相击，便可在蛙鸣亭中听到类似青蛙鸣叫的回声。环境清静时，人们可在塔内听到四五千米外村镇上的鸡鸣狗叫声。这便是莺莺塔所具有的回音和收音功能，很是奇特。

济南灵岩寺

灵岩寺位于济南市长清区灵岩山，是山东省最大的一处古代寺院，与浙江天台国清寺、南京栖霞寺、荆州玉泉寺并称为"海内四大名刹"。该寺位于泰山北面，依山势构筑，参差错落，隐现于群山环抱中，掩映在云霞烟树间。特别是该寺千佛殿中的宋塑罗汉像，以造型优美、生动传神而名冠天下。所以前人说"登泰山不至灵岩，不成游也"。

灵岩寺始建于前秦永兴年间(357～358)，开山祖师为朗公和尚。据《神僧传》记载："朗公和尚说法泰山北岩下，听者千人，石为之点头。众以告，公曰：此山灵也，为我解化。他时涅槃，当埋于此。"灵岩寺即取名于顽石点头之意。北魏孝明帝正光初年(520)，法定和尚重兴灵岩寺。现寺中有鲁班洞、功德顶、证盟殿、辟支塔、慧崇塔、千佛殿、御书阁、李北海撰书的《灵岩寺颂碑》、钟鼓楼、墓塔林等。

千佛殿是灵岩寺的主体建筑，也是寺内保存最完好的规模较大的一座古建筑，因殿内供养千佛而得名。此殿始建于唐贞观年间(627～649)，宋嘉祐和明嘉靖、万历年间重修。千佛殿修建在高大的台基上，面阔七间，进深四间，单檐庑殿顶，出檐深远。檐下置疏朗宏大的斗拱，错落美观；木棱彩绘华丽，檐角长伸高耸，大有展翅欲飞的雄姿。前檐8根石柱，柱础雕刻有龙、凤、花、叶、水波及莲瓣等纹样，雕工精美，匠心独具。殿内正中塑有通体贴金的"三身佛"。中为"法身"，指佛先天具有的佛法体现于自身，名为毗卢遮那佛，由藤胎髹漆塑造，宋治平二年（1065）从钱塘运至灵岩。东侧为"报身"，名卢舍那佛，为明成化十三年（1477）用2 500千克铜铸成。西为"应身"，名释迦牟尼佛，也为铜质，明嘉靖二十三年（1544）铸造。佛头顶有螺形肉髻，体态雍容，目光凝重。三尊佛像皆结跏趺坐，仪容端庄，衣纹流畅，具有强烈的艺术感染力。

辟支塔是灵岩寺的标志性建筑，位于千佛殿的西北角。该塔是一座密檐楼阁式砖塔，八角九层，创建于宋淳化五年(994)，竣工于嘉祐二年（1057），历时63年完工，其工程浩大，结构复杂，不言而喻。塔高55.7米，塔基为石筑八角，上有浮雕，镌刻着古印度孔雀王朝阿育王皈依佛门等故事。塔身为青砖砌就，塔内一至四层设塔心，内辟券洞，砌有台阶，可拾级而上。自第五层以上砌为实体，登塔须沿塔壁外腰檐左转90度进入上层门洞。塔身上置铁质塔刹，由覆钵露盘、组轮、宝盖、圆光、仰月、宝珠组成。自宝盖下垂8根铁链，由第九层塔檐角上的8尊铁质金刚承接，在塔内延续到地下，起避雷作用。辟支塔造型匀称，比例适度，精细壮观，雄伟挺拔，宋代大文学家曾巩曾形象地描绘道："法定禅房临峭谷，辟支灵塔冠层峦。"

从辟支塔往西走不远，便是墓塔林，即灵岩寺历代高僧的墓地。塔林中有北魏、唐、宋、金、元、明遗物。规模可与嵩山少林寺的塔林相媲美。与少林寺不同的是灵岩寺塔林是石塔，石塔之多，在国内是首屈一指的。每座塔一般都由塔座、塔身、塔刹组成，塔座呈方形、圆形、八角形，一般都有浮雕装饰。塔身一般较高大，上刻僧人法名、年号。塔刹则有相轮、覆盆、仰月、宝珠等图案造型。每座墓塔旁通常还有一通墓碑，记载着高僧的经历，是研究佛教史的珍贵实物资料。1961年，灵岩寺被国务院公布为全国重点文物保护单位。

呼和浩特大召寺

大召寺位于内蒙古呼和浩特市旧城。大召寺蒙古俗语为"伊克召"，意为"大庙"。汉名原为"弘慈寺"，后改为"无量寺"。已有400多年的历史，是呼和浩特最早兴建的寺院。

明万历六年（1578），蒙古土默特部阿勒坦汗迎接西藏达赖三世索南嘉措于青海地方，许愿在呼和浩特将"生灵依庇昭释迦牟尼像用宝石金银庄严"。从这时候起便开始兴建大召寺，第二年建成，万历皇帝赐名"弘慈寺"，因寺中供奉银制释迦牟尼像，也称"银佛寺"。万历十四年（1586），达赖三世索南嘉措来到呼和浩特，亲临大召寺，主持了银佛"开光法会"，从此大召寺成

为蒙古地区有名的寺院。1640年，皇太极命令重修和扩建大召寺，完工后，皇太极赐给满、蒙、汉三种文字的寺额，汉名"弘慈寺"改为"无量寺"。

公元1602～1607年间，蒙古右翼诸部的佛经翻译家们，在此庙将佛经《甘珠尔》最先翻译成蒙古文。

大召寺的建筑为藏汉结合式，总面积约为3万平方米。分东、中、西三路，中间一路为主体建筑，山门位于南边，上悬"九边第一泉"匾额。相传康熙皇帝路经此地，人马皆渴，他的马能识别地下水源，由马引路，找到了8眼泉井，水质清甜。

大殿为木结构，与银佛均为明朝遗物。另有山门、过殿、东西配殿及九间楼等建筑。大殿内耸立着三尊高大的佛菩萨铸像，殿壁上有描写康熙私访明月楼的巨幅绘画。后面是达赖四世、土默特部蒙古人云丹嘉措和达赖五世的塑像，明、清两佛像，木雕两佛像，木雕二龙戏珠，108部《甘珠尔经》以及铜铸镀金的多种法器、药器等。经堂门前阶下，有明天启七年（1627）铸造的一对空心铁狮，昂首扬威，工艺水平高超。庭院中有一只清朝铸造的铁香炉，上刻蒙古工匠的姓名。

大召的宗教文物众多，其中银佛、龙雕、壁画堪称"大召三绝"。

千山龙泉寺

龙泉寺坐落在辽宁省千山北沟的半山腰上。这是佛教、道教圣地，也是著名风景区千山中的一座重要佛寺，西距鞍山市20千米。

龙泉寺始建年代不详，传说早在唐代这里就有了寺院。因为唐太宗东征时喝过这里的泉水，寺内泉流如龙，故称"龙泉寺"。明嘉靖三十七年（1558）、万历二十一年（1593），都对龙泉寺进行过修缮。以后，人们对该寺也进行过多次维修，终使龙泉寺成为千山的一处宗教活动场所和风景名胜区。

龙泉寺现有大小建筑20余座。全寺依山而建。主体建筑分布在三层台地上：一层有法王殿、斋堂、客堂；二层有观音庙、东西配殿；三层有大雄宝殿等。山门、钟楼、鼓楼、藏经阁、弥勒殿、韦陀殿、毗卢殿、僧房等，分布于主体建筑四周。值得一提的是：弥勒殿坐南朝北，与其他佛教寺庙相反。弥勒像也面向北方，人称"倒座弥勒"。为何如此呢？千山风水很好，只有北边是一个山口。为了不让好风水跑掉，人们便让弥勒佛面朝北方、镇住风水，倒座弥勒便因此出现了。

吉林玉皇阁

玉皇阁位于吉林市船营区，在吉林北山古寺庙群中，规模最宏大，气势最雄伟。始建于清乾隆四十一年（1776），由宽真大师选址建造。宽真大师曾为宫廷演员，后看破红尘，皈依佛门。当他云游到关东吉林处，开始化缘修建玉皇阁。

进入山门（天王殿），右侧为持国天王、广目天王，左侧为增长天王、多闻天王。寺庙内中轴线东侧为祖师殿，内供释迦牟尼佛、道教祖师老子、儒教圣人孔子。两侧供奉的是各行各业祖师共计16人，右侧8人为：药圣李时珍、建筑祖师鲁班、烧炭祖师孙膑、制图祖师诸葛亮、阉割祖师华佗、道教北五祖之一吕洞宾、棉纺织业祖师黄道婆、诗圣杜甫；左侧8人

为：造纸祖师蔡伦、制盐祖师沈括、命相祖师姜太公、造笔祖师蒙恬、佛教禅宗祖师达摩、造酒祖师杜康、茶圣陆羽、造墨祖师吕祖。三教合一，诸业同堂，是玉皇阁最大的特色。

中轴线西侧为老郎殿，主位是梨园祖师唐明皇李隆基，配祀赵元帅和文曲星。农历三月十八日为伶人节（伶人即戏曲演员、梨园弟子）。以前每逢此

日，各个戏院都要停演，所有演员前往老郎殿焚香顶礼膜拜。祖师庙与老郎殿之间为"天下第一江山"牌坊，为清道光年间大学士吉林将军松筠所书。

朵云殿是玉皇阁最雄伟的建筑。朵云殿西侧为大雄阁，阁内正中供奉释迦牟尼佛，两厢是十八尊栩栩如生、姿态各异的罗汉。佛祖背后站立着护法菩萨韦驮。

这里曾是吉林省文人墨客荟萃之地，各界名流和军政要员常到此吟诗作赋。

"万绿轩"的匾额，为"吉林三杰"之一的近代著名诗人、书法家成多禄所题。成氏还题了"副楹联"："五载我重游，桑海高吟诗世界；一层谁更上，乾坤沉醉酒春秋"。西耳房有晚清东三省总督后任"中华民国"大总统的徐世昌所题写的行书楹联："泰华西来云似盖，大江东去浪淘沙"。民国十六年（1927）张作相迹题楹联："仙吏本蓬莱，夜雨名山寻梦偶来香案地；江城似图画，春风绮陌踏青遥见玉坷人"。

朵云殿右侧有一棵古松，苍枝遒劲，生机盎然，格外引人注目。相传是开山祖师宽真和尚亲植于乾隆年间。

宁安兴隆寺

宁安兴隆寺，也称"南大庙"、"石佛寺"。位于黑龙江省宁安县的渤海镇西南，距县城35千米。寺内保存着我国唯一的渤海国大石佛和大石幢。

据说，早在渤海国时期（698～927），这里就有一座寺庙。辽灭渤海国时，这座寺庙也被毁掉了。现在的兴隆寺，为清康熙初年重修。道光二十八年（1848），大火烧掉了部分殿堂。咸丰五年至十一年（1855～1861）修复。1949年后，政府多次拨款维修，兴隆寺保存尚好。兴隆寺的现有建筑马王殿、天王殿、关帝殿、大雄宝殿、三圣殿等，都是清代遗物。然而，寺中最为珍贵的，却是渤海国留下的大石佛和大石幢。

大石佛端坐于三圣殿中的莲坛上。石佛面目慈祥，造型生动优美，反映了渤海国的石雕艺术水平。

大石幢，又名"石灯幢"、"石浮屠"，位于大雄宝殿和三圣殿之间。石幢由塔刹、相轮、塔盖、塔室、莲花托、中柱石、莲花座和底座等组成。原高6.4米。因顶残，现高6米。塔室为八角形，外刻窗，上刻斗拱，与塔顶相接。塔顶为八角攒尖式，状如伞形，上刻屋脊和瓦垄，非常清晰。莲座上的花瓣，雕刻得非常生动，是难得的渤海国历史文物佳品。

哈尔滨极乐寺

极乐寺位于哈尔滨市南岗区东大直街尽头，建于20世纪20年代，由临济宗的第四十四代接班人创建，占地5.7万平方米。极乐寺是黑龙江最大的近代佛教寺院建筑，也是东北三省的四大著名佛教寺院之一，与长春般若寺、沈阳慈恩寺、营口楞严寺齐名。

极乐寺一直被哈尔滨人看做是关乎本地兴衰的"脉"。1898年俄国人在"龙脉"的中腰建筑了圣尼古拉教堂，被认为是破坏了哈尔滨的风水，而补救的方法便是在"龙"头部位建一座佛寺。

极乐寺的整体设计、形式布局和建筑结构，都保留了我国寺院建筑的风格和特点。主要建筑分布在南北中轴线上，有山门、天王殿、大雄殿和三圣殿等，均为硬山式屋顶。山门为牌坊式，青砖砌成弧形卷门洞。进入山门，东有钟楼，西有鼓楼。天王殿是寺内第一重大殿，东西面阔三间，南北进深一间。殿正中塑1.6米弥勒佛坐像，东西列持国、增长、广目、多闻四大天王坐像，面北立像韦驮。天王殿与大雄殿中间通道设一座高3米的铁铸宝鼎。

大雄殿是寺内主殿，东西面阔五间，南北进深三间。阶前有石狮子一对，殿内正中塑2.7米高的佛祖释迦牟尼坐像，两旁立阿难、迦叶二尊者立像。东西寺壁悬挂拓印"五百罗汉图"。佛阁上悬"慧灯净照"匾额，明柱上挂着"愿大地都成净土，问众生谁是如来"的楹联，佛阁背后塑千手千眼佛。三圣殿位于大雄殿后，东西面阔五间，南北进深三间，殿中塑有2.7米高的阿弥陀佛站像，左有观音菩萨站像，右有大势至菩萨站像，东塑地藏王坐像。

上海玉佛寺

玉佛寺位于上海市安远路，尽管建寺刚满百年，比起那些千年古刹，显得十分年轻，但已驰名中外。玉佛寺因为供奉着两座玉佛而蜚声海内外。

玉佛寺坐北朝南，殿宇仿宋代建筑形式，三进院落，布局严谨。寺为黄、粉墙壁，飞檐耸脊，高大照墙仁立门口，气度非凡。正中山门上悬有"玉佛禅寺"金字匾额，丰腴苍劲。东西偏门分别有"般若"、"解脱"行书眉额。"般若"的意思是"智慧"，特指一种可以修道成佛的智慧。"解脱"指能摆脱种种烦恼的干扰而获得大自在。

进了山门，就意味着与凡尘不同的另一重世界展现眼前。天王殿、大雄宝殿、玉佛楼三座主要殿堂排列在中轴线上。大雄宝殿内除释迦牟尼、阿弥陀佛、药师佛外，还有数十尊金光闪闪的佛像，大殿气氛显得热烈、神秘，并且格外辉煌。释迦像上方天花板上的藻井，装饰非常华美。漩涡形的条纹图案中，是一幅描绘释迦降生时的裸体法相，九条腾跃的蛟龙吐水为之洗浴，重彩飞金，光灿夺目。宝殿内五彩幢蟠悬飘，烛光摇曳。殿内金色柱子上均有联语，字里行间蕴含佛门深意。

玉佛楼的佛像是释迦牟尼成道相，高1.92米，宽1.34米，玉质细腻，晶莹剔透，研磨圆润光滑，线条流畅优美，各部分比例和谐匀称，雕琢精致，巧夺天工。佛面略长而清秀，目凝视而有神，肉髻高凸，眉如新月，双眼半开，向下俯视，鼻梁挺直，双唇紧闭，嘴角微向上翘，仿佛看着眼前的善男信女，带着一种安详的微笑。双耳垂肩，身披的袈裟石镶边，右肩偏袒，右臂带穿臂钏，上面饰有翡翠、玛瑙、宝石。慈祥、柔美中尽显庄严，栩栩如生地表现了释迦牟尼成道时的神态。佛像结跏趺坐，左手作禅定印，表示释迦在菩提树下静虑入定，最后觉悟成佛。右手作触地印，表示佛在前生菩萨位时，为众生作种种奉献，修种种菩萨行，这一切唯有大地能够证明。玉佛身躯略向前倾，给人一种亲切感。佛身在灯光及背面红色佛光的衬托下，显得神圣、高贵。人们看到这尊玉佛，心神豁然，超凡脱俗之感便油然而生。这里清净安静，配以广漆地板，闪闪发光，有一尘不染之妙。

玉佛寺藏有清代乾隆版《大藏经》一部，另有《大正藏》、《频藏经》、《频伽藏》、藏文《大藏经》等佛典，其数量之巨，名列中国寺院前茅。

上海龙华寺

龙华寺位于上海市龙华镇黄浦江西侧。此寺以古刹、佛塔和桃花闻名。

关于寺庙的始建时间，众说不一。有的说它建于三国东吴赤乌五年（242），有的说它建于唐垂拱二年（686），皆无定论。北宋太平兴国二年（977）重建，治平三年（1066）更名为"宝相寺"。明永乐年间（1403～1424）复名为"龙华寺"。以后，龙华寺三次为战火所毁，又三次修复。1957年、1979年又两度大修，使龙华寺恢复了旧貌。

龙华寺现有院落五重。中轴线上的主要殿宇有弥勒殿、天王殿、大雄宝殿、三圣殿和方丈室。两侧有钟楼、鼓楼、配殿和厢房。

北宋太平兴国二年修建的龙华塔位于寺南。这是一座八角、七层、砖木结构的楼阁式塔，高40余米，飞檐翘角，风铃有声，玲珑动人。此塔虽经多次维修，但塔基、塔身依旧为宋代原物。

龙华寺内的历代文物很多。在这里，有古代留下的铜、石佛像，有缅甸送来的玉石佛像；有高达1.6米的明代铜钟，也有清朝康熙十七年（1678）刻立的龙凤石幢。然而，立于花园中的北宋宝相寺界石碑，却格外引人注目。碑的正面刻着"宝相寺西南角界石"，侧面刻着"标外枝为大界相"。这是现存龙华寺建于宋代的可靠历史见证。

南京灵谷寺

南京灵谷寺位于江苏省南京市中山陵东1千米处，寺内有我国现存最大的无梁殿。

此寺始建于南朝梁天监十四年（515），初名"开善寺"，是梁武帝萧衍的女儿永定公主为宝志和尚修建的。唐乾符年间（874～879）更名为"宝公院"。五代后唐改名为"开善道场"。北宋更名为"太平兴国寺"。明初改名"蒋山寺"。后来，明太祖朱元璋赐名"灵谷寺"。清初，寺为战火所毁。康熙、乾隆时重修。在太平天国时期，寺庙再度被战火毁坏。同治、光绪时重修。1928年，国民政府以无梁殿为中心，修建了国民革命军阵亡将士公墓，并修建了纪念塔——灵谷塔。1949年后，人们对无梁殿等建筑进行了维修，并将国民革命军阵亡将士公墓、纪念塔和灵谷寺一起，辟为灵谷公园。

灵谷寺的现有建筑主要有无梁殿和龙王庙。在龙王庙中，有大雄宝殿、观音殿等建筑。

无梁殿宽53米，深37米，高22米，部用长砖砌成，是我国现存最大的无梁砖殿。殿内殿外，无梁无柱，建筑非常特殊。这是灵谷寺屡遭浩劫而唯一幸存的建筑物。1929年，国民政府把它变成了国民革命军阵亡将士的祭堂。现在，它是人们前来参观的重点。

灵谷塔就是国民革命军阵亡将士纪念塔，建于1929年。为八角九层，高60米。塔内有孙中山先生对黄埔军校同学的演讲词，并有楼梯可以上达，便于观看周围风景。

南京栖霞寺

栖霞寺位于江苏省南京市栖霞山，是我国佛教著名圣地之一，与济南灵岩寺、天台国清寺、荆州玉泉寺并称"天下四绝"、"天下四大丛林"。

栖霞寺得名于南朝刘宋时期著名隐士明僧绍之号——"栖霞"。栖霞寺后多次易名，曾有"功德寺"、"微君栖霞寺"、"妙因寺"、"普云寺"、"岩因崇报禅院"、"虎穴寺"等。明洪武二十五年（1392），朱元璋敕书"栖霞寺"。

栖霞寺前有彩虹亭、白莲池，池形似半月，又称"月牙池"。池周新增汉白玉栏杆，与池水相映成趣。寺门上横嵌"栖霞古寺"四个大字。

入寺门，即可见弥勒殿；过弥勒殿，是金碧辉煌的毗卢殿，重檐九脊，高大雄伟，殿内佛像制作精美，姿态各异。另外，寺中还有藏经楼、摄翠楼等建筑，以及千佛岩、舍利塔、大佛阁、明微君碑等胜迹。其中最著名的是舍利塔。

舍利塔位于大佛阁右侧，始建于隋文帝仁寿元年（601）。文帝笃好佛教，他在取代北周统治之后，一改周武的灭佛政策，大力复兴佛教。文帝未登皇位之

前，曾从天竺僧人手中得到佛舍利一包，即位后便先后三次令全国各州建舍利塔分置安放，共立塔110所。栖霞寺的舍利塔就是当时第一批建立的30座舍利塔之一。现塔为五代南唐时重修。该塔是一座八角五层的密檐式塔，全塔用大块的花岗岩分层雕砌而成，高约18米。塔基每边长5.13米。塔身第一层特别高，全部作八角柱形，正面双门紧闭，门上刻铜钉兽环，西面为普贤骑象图；正东、西北、西南和东北四面均雕刻天王像；四天王上又镌飞天像，极为生动；其背面也作户门。前后门两旁柱上，刻有《金刚经》四句偈。塔自第二层以上，上下檐间距离颇短，各面均作两圆拱龛，内刻坐佛，下有莲花座，上作璎络花绳。这座塔值得特别注意的地方有两点：其一是它的形制，栖霞寺舍利塔是目前所知江南地区年代最早的密檐式塔；其二是塔身上的精美雕刻。

舍利塔东面是闻名中外的千佛岩。岩壁前，镌刻着宋朝游九言书写的正楷

大字"千佛岩栖霞山"。西壁的无量殿，是修建最早、最大的佛龛。龛正中坐的无量寿佛身高10.83米，连座高13.33米，分侍两侧的观音、大势至菩萨线条流畅，结体匀称。塑像衣褶作风颇似大同云冈石佛，但它的开凿却比云冈石窟早17年。千佛岩上的佛像，或一二尊一龛，或三五尊一窟，或十来尊一室，大至数丈，小仅尺许，共700余尊。"千佛岩"是极言其多的称号。

栖霞寺又是唐朝鉴真和尚足迹所至之处，所以在寺内的藏经楼院内专设"鉴真和尚纪念堂"，供奉着1963年日本文化代表团访问南京时赠送的一尊鉴真和尚脱胎塑像，还陈列有与鉴真和尚有关的多种史迹资料。

《摄山栖霞寺明微君碑》建于唐上元年(674)，碑文是唐高宗李治所作，通篇四六韵文，用十首铭词结束；由初唐著名书法家高正臣书，通篇行书，笔画丰润圆劲，其书法既师承了王羲之，又吸取了褚遂良等的笔法，自成一家，是我国保存下来的最早的行书碑刻之一。碑阴有"栖霞"两个大字，相传为唐高宗李治亲笔题写。

1982年，中国佛教协会在栖霞寺开办中国佛学院栖霞分院，栖霞寺名声大振。1988年，栖霞寺舍利塔被国务院公布为全国重点文物保护单位。

苏州寒山寺

"月落乌啼霜满天，江枫渔火对愁眠。姑苏城外寒山寺，夜半钟声到客船。"这首清新雅致、隐淡幽怨的小诗，使姑苏城外的一座小寺成为闻名天下的胜地。其作者张继在唐代诗人中虽并非大诗人，但却以此一首小诗《枫桥夜泊》而名传千古。寺与诗名，成为姑苏景色韵味最浓处。

寒山寺位于苏州阊门外3千多米的枫桥镇，始建于公元6世纪上叶梁天监年间，相传7世纪唐贞观年间高僧寒山和拾得由天台山来此住持，故此名为"寒山寺"。今寺东庑还有寒山、拾得的塑像。寺在明、清两代频遭火灾，屡经修复，现有殿堂为明末清初的建筑。主要殿宇有大殿、藏经楼、碑廊等。寺外河流映带，石桥高耸；寺内曲栏回廊，绿树黄墙，深得佛禅二味。

寒山寺引人向往的地方，不在于殿堂佛像等有形之物，而在于"寒霜"、"乌啼"及"钟声"之无形。旧时诗人每咏寒山寺，多提钟或钟声，但意境差张继远矣。寺内原有明书画大家文徵明书《枫桥夜泊》诗碑，因为文字模糊不清，由晚清经学大师俞曰重写了一块，为中外人士所珍视，拓本流传甚广。日本人来寒山寺，必带一张俞樾手迹拓片回去以作纪念。另外，1936年，苏州名画家吴湖帆与诗人张溥泉也刻写了一块《枫桥夜泊》诗碑，张溥泉大名叫张继。现代诗人张继写唐代诗人张继的诗，又为寒山寺

添了一段佳话。诗以寺名，寺传钟声。

　　如今的寒山寺，钟声来自钟楼内的一口仿青铜乳头钟。此钟是1905年由日本10万友好人士捐资铸成。钟重5吨，高2.5米，钟上有"二龙戏珠"图，图上的两颗"明珠"为钟的撞击点。

　　1996年底，苏州市旅游局在安排除夕听钟声活动时，首推撞新年幸运钟，游客反应非常热烈。108响除夕钟声，表示一年的终结，因为1年有12个月、24个节气、72个候（古时每五天为1候），合计为108下。按佛教教义，人生有108个烦恼，除夕听108响钟声，便可以解脱烦恼，以保来年幸福安康。

扬州大明寺

    大明寺位于江苏省扬州市蜀冈山上，始建于南北朝时期刘宋孝武帝大明年间（457~464）。以大明年号命名，故称"大明寺"。在1 500余年的漫长岁月里，大明寺屡经兴废，历尽沧桑。隋朝仁寿元年（601），皇帝杨坚为庆贺其生日，下诏于全国建塔30座，以供养佛骨，该寺建"栖灵塔"，塔高九层，宏伟壮观，被誉为"中国之尤峻特者"，故寺又称"栖灵寺"。唐朝鉴真法师任大明寺住持，使大明寺成为中日佛教文化关系史上的重要古刹。清乾隆三十年（1765），乾隆帝巡游江南，到扬州时，改赐"法净寺"。1980年，为迎接鉴真大师像回国巡展，复名"大明寺"。

    大明寺周围古木葱茏，幽静深远。寺前东西院墙上分别嵌着两块石刻，

东为蒋衡山书"淮东第一
观",取自宋代词人秦观诗
句"游人若问登临美,须作
淮东第一观"。西为王澎书
"天下第五泉"。

进山门为天王殿,迎
门供奉着弥勒像,背面为护
法韦驮,两旁分立持国、增
长、广目、多闻四大天王。

出天王殿,走过一条花岗岩甬道,就到了大雄宝殿。殿内正中供奉释迦牟尼、
药师、弥陀三尊大佛;背面为南海观音,手持净瓶,站在鳌头上。两边是十八
罗汉像。殿堂佛像全部重新装修,金光焕彩,法相庄严。大殿东南为平远楼,
建于清雍正年间,同治时重修,共三层,构筑精致,有庭院竹石之胜,现为方
丈室。平远楼北为晴空阁,现为鉴真事迹陈列室。

大明寺最有特色的建筑是鉴真纪念堂。鉴真东渡日本前曾为大明寺住持。
从唐天宝元年(742)起,前后十余年,历尽艰险,至第六次东渡成功,将我国佛
学、医学、语言文学、建筑、雕塑、书法印刷等介绍到日本,为发展中日两国
的文化交流做出了重要贡献。堂前有一碑亭,正面镌刻郭沫若手书的"唐鉴真
大和尚纪念碑",背面是阴刻的赵朴初撰书的长篇碑文。正殿由著名古建筑学
家梁思成设计,雄伟质朴、富丽堂皇。纪念堂四壁是彩绘,正中供奉着鉴真塑
像,是仿日本国宝鉴真塑像而成,造像跏趺而坐,合闭双目,神态安详。

纪念堂前的庭院中,有石灯笼一幢,是日本唐招提寺赠送的。

大雄宝殿西侧,有"仙人旧馆"门额,入门即是有名的平山堂。平山堂
是北宋大文学家欧阳修任扬州太守时所建。堂前花木扶疏,庭院幽静,凭栏远
眺江南诸山,恰与视线相平,"远山来与此堂平",故称"平山堂"。堂前有
联曰:"过江诸山到此堂下,太守之宴与众宾欢",是欧阳修当年潇洒流连的
生动写照。后来苏东坡任扬州太守时,常来此凭吊,并在后面为欧阳修建造了
"谷林堂"。谷林堂取自苏东坡"深谷下窈窕,高林合扶疏"的诗句。后人又

建有欧阳祠，祠内有欧阳修石刻画像，供人凭吊。

在平山堂西面是一座古典园林——西园。园内有著名的天下第五泉。据唐人张又新《煎茶水记》所载，这里的泉水在当时被品评为天下第五。宋欧阳修在《大明寺泉水记》中称："此井为水之美者也。"今天，人们游历大明寺，仍以饮天下第五泉水为乐事。此外，园内还有"御碑亭"，有乾隆皇帝御碑三块。园内石山高耸，遍布苍松翠柏，亭台、馆榭等把园内装点得精美别致，游人在此漫步，有步移景变之感。

大明寺原栖灵塔，毁于唐武宗会昌三年(843)。原塔雄踞蜀冈上，李白、刘禹锡、白居易等著名诗人都曾登临此塔吟诗抒怀。1993年在各方倡议下，重新修建，于1996年元旦竣工，塔仍为九层，高73米，风格系仿唐式古塔。

1983年，大明寺被国务院确定为汉族地区佛教全国重点寺院。

镇江金山寺

　　"白娘子水漫金山寺"的神话故事可谓家喻户晓，许多人正是从"水漫金山"开始认识金山、了解镇江的。金山位于长江边上，禅寺依山而造，殿宇楼台层层相接，从江中远望金山，只见寺庙不见山，素有"金山寺裹山"的说法。

　　金山寺初建于东晋，自晋至今，历经沧桑，屡有兴废。现存天王殿、大雄宝殿、藏经楼处、念佛堂、紫竹林、方丈室等建筑，傍依山根，通过回廊、回檐、石级有机串联，形成"楼外有阁、楼上有楼、阁中有亭"的精巧建筑。妙高台、七峰顶、锣伽台等连缀山腰；留玉阁、大小观音阁围绕山顶；慈寿塔、江天一览亭矗立山巅，规模宏大，精巧壮丽。清朝曾仿建其一部分于承德避暑山庄及扬州，并借以"小金山"称之。

　　现有建筑中最引人注目的是金山寺之巅的慈寿塔。檐为仿楼阁式，七级八面，每级四面开门，有楼梯盘旋，并且有走廊和栏杆可凭栏远眺，面面景色不同。东面焦山如碧玉浮江，南面长山葱葱郁郁，西面的金山鱼池波光粼粼，北面的瓜洲古渡在烟波中若隐若现。

　　王安石在《金山》诗中生动描绘了登塔的感受："数重楼枕层层石，四壁窗开面面风。忽见鸟飞平在上，始惊身在半空中。"

金山还有法海洞、白蛇洞、朝阳洞和仙人洞"四大名洞"。其中法海洞最为有名，洞中供奉着法海和尚的石像。法海俗姓裴，是唐宣宗丞相裴休之子。他初来金山寺，寺宇倾毁，杂草丛生，半山崖有一条白蟒蛇经常出来伤人，百姓不敢上山烧香。法海勇敢地与白蟒斗法，将白蟒赶入江里。在僧徒和周围群众的支持下，法海修寺盖屋，重继香火，被称为"开山裴祖"。法海圆寂后，弟子们在他坐禅的石洞里雕了这尊石像供奉他。

金山之所以享誉古今，蜚声海外，成为一座江南名山，一是与金山佛寺有不可分割的渊源；二是由于金山名胜古迹甚多，约有上百个景点，每一个景点都经过人工精心的雕琢和巧妙的安排，自然与人工相互结合，融为一体，使金山的风光更加美丽多姿，妩媚动人；三是金山上每一座古迹，甚至一泓清泉，一方石洞碑碣都有迷人的神话、美丽动人的传说和有声有色的历史故事，故金山又称"神话山"。这些故事为金山蒙上了一层神秘色彩，再加上亭台楼阁，小河曲桥，湖上泛舟，奇花异草，绿树成荫，泉水叮咚，点缀其间，风景极其优美。

金山寺保存有许多珍贵文物。其中周朝铜鼎、诸葛亮战鼓、文徵明《金山图》、苏东坡玉带，合称为"金山四宝"。

金山寺的山门是朝西开的，这和我国大部分寺庙的山门朝南而开不一样。据神话传说，金山寺的大门原是朝南的，因为朝着南天门，得罪了玉皇大帝，使金山寺门口经常轰轰作响，屡遭火焚，以后就将山门改为朝西开。其实这是因为金山原耸立于江心，大江由西向东奔流，游人在寺门眺望，才能充分地观赏到"大江东去，群山西来"的壮丽景色。

普陀山普济寺

普陀山普济寺，又名"普济禅寺"、"前寺"，坐落在浙江省普陀山白华顶南侧的灵鹫峰下。这是我国四大佛教圣地之一的观音菩萨道场普陀山的一座重要寺庙。主殿中供奉的观音菩萨及其32尊变身像，全国少见。

此寺始建于宋代元丰三年（1080），初名"宝陀观音寺"。明初被毁。万历三十三年（1605）重建。清初，再度被毁。康熙三十八年（1699）重建，改名为"普济禅寺"。后经多次维修，普济寺各类建筑保存完好。

普济寺占地面积为3.7万多平方米，建筑面积为1.1万多平方米，有大小房屋300余间。它是普陀山最大的一座佛教寺庙。天王殿、大圆通殿、藏经楼等，排列在中轴线上。伽蓝殿、罗汉堂、承德堂、关帝殿等，位居两侧。庭院之中古木参天。全寺布局严谨，庄严肃穆。

大圆通殿是普济寺的主殿。此殿高18米，宽42米，深28米。殿内正中供奉着一尊观音像，高8.8米。两侧排列着32尊观音菩萨的变身像，是20世纪80年代的作品。

普陀山法雨寺

普陀山法雨寺，也称"法雨禅寺"、"后寺"。坐落在浙江省普陀山白华顶左侧的光熙峰下，是我国四大佛教圣地之一的观音菩萨道场普陀山的一座重要寺院。

此寺始建于明万历八年（1580），初名"海潮庵"。万历二十二年（1594），改名为"海潮寺"。万历三十四年（1606），赐额"护国镇海禅寺"。后被火烧毁。清康熙二十八年（1689）重建。康熙三十八年（1699），赐额"天花法雨"，改名为"法雨寺"。后经不断维修，法雨寺保存依然完好。

依山而建的法雨寺，占地3.3万平方米，建筑面积为9 000多平方米，有大小房屋200余间。天王殿、玉佛殿、圆通殿、御碑殿和大雄宝殿等，是该寺现存的主要建筑。

圆通殿，又名"九龙殿"，是清康熙年间从南京明代故宫拆迁而来的建筑。法雨寺的主体建筑是重檐歇山式的大殿，面宽35米，进深20米，高22米，

屋面上铺着黄色琉璃瓦，雄伟壮观而又金光灿烂。殿内顶部的穹窿为拱圆形，中有一珠，九龙争抢，图案生动优美，这是其他佛教寺庙中不曾有过的。

圆通殿前有两株精壮高大的古银杏树，东侧有一株长势奇特的龙凤柏，寺后有秋似彩霞落地的枫香林。这些名木古树为法雨寺增添了无限光彩。

杭州灵隐寺

　　杭州灵隐寺坐落在浙江省杭州市西湖岸边的飞来峰下，是我国一座著名的古代寺庙，至今仍享有盛名。

　　灵隐寺始建于东晋咸和元年（326），创始人为印度僧人慧理禅师。以后多次更名，先后叫过"灵隐山景德寺"、"景德灵隐寺"，"灵隐山崇恩显亲禅寺"等。清康熙皇帝题名"云林禅寺"。但是，这座寺庙仍以灵隐寺的名称驰名天下。

　　灵隐寺初创规模不大。梁武帝曾赐田给灵隐寺，使灵隐寺初具规模。宋宁宗嘉定年间评定浙江禅院，以余杭径山寺为第一禅院，灵隐寺为第二，净慈寺为第三，宁波天童寺为第四，阿育王寺为第五，全称为"禅宗五山"。除径山寺今已废弃外，其他四寺皆为东南名刹。五代吴越国时，该寺曾有9楼、18阁、72殿、房舍1 200余间，僧众3 000余人。明万历年间和清康熙年间，该寺曾两度重建，最终拥有7大殿、12堂、4阁、3轩、1林、3楼，形成今日规模。

　　清代康、雍、乾时期，三位皇帝多次巡视

江南，驻跸灵隐，赋诗纪游，刻碑立寺。尤其是康熙帝玄烨、一生六次南巡，五次驻跸灵隐，赐额留诗，与灵隐结下不解之缘。由于三朝帝王优礼有加，故灵隐寺在清初有百年隆盛之局。清咸丰十年（1860），太平军攻占杭州，灵隐寺遭到毁坏。1937年底，日军入侵杭州，灵隐寺再度遭到严重破坏。至1949年7月，大雄宝殿因年久失修而倒塌，殿内三尊泥塑大佛也被毁坏。

新中国成立后，周恩来总理指示修复灵隐寺。1952年，浙江省政府成立了"杭州市灵隐寺大雄宝殿修复委员会"，主持修复工作。改原砖木结构为钢筋混凝土结构。1954年，大雄宝殿落成。1985年起，灵隐寺制定全面恢复寺院十年规划，投资5000万元，将灵隐寺建成了一座亭台楼阁齐全、殿堂寺宇配套的佛教丛林，江南千年古刹从此再现雄姿。

灵隐寺入山处有一横匾，上题"最胜绝场"，字体苍劲，传说为晋人葛洪所书。参道照壁上镌有"东南第一山"五字。东西二山门间是天王殿，面阔七间，进深四间，重檐歇山顶，殿前悬"云林禅寺"匾。

天王殿内供奉着一尊袒胸露腹弥勒像，称为"皆大欢喜弥勒佛像"。弥勒像佛龛壁上挂着"说法现身容大度，救人出世尽欢颜"对联。两侧有高近8米

的四大天王塑像，弥勒像背后是韦驮护法像，系南宋时雕刻，距今已有800多年的历史。佛身由香樟木雕成，可以一块块卸下来，整个佛像不用一钉，镶嵌连在一起，是南宋木雕造像中的艺术精品。天王前有两座经幢，建于北宋开宝二年(969)，经文至今清晰可辨，是重要的古代文物。

天王殿后过园林登石砌月台，即为大雄宝殿。大雄宝殿为单层重檐式，高33.6米，占地面积为1200平方米，是全寺的主殿。殿内主像释迦牟尼佛像高19.6米，连座达24.8米。佛像用24块

巨大的香樟木雕成，妙相庄严，发髻、衣褶、坐姿皆为唐朝佛雕风格。此像被国际佛教界人士和学者视为佛祖释迦牟尼的标准造像。殿后分坐12缘觉像，12缘觉的布局为全国寺院孤例。释迦牟尼佛背后是"善财童子五十三参"群塑，正中塑观音立鳌鱼背上，前为善财童子，作膜拜观音状，四周山岩云水间，满缀鸟兽神怪，群塑有大小佛像156尊，全为泥塑，部分镀金，姿态各异，栩栩如生。大雄宝殿前有两座八角九层经塔，建于北宋建隆元年（960），为大理石砌成，塔壁镌有无数石雕佛像。二塔结构相同，为仿楼阁式，每层四门，有柱，出檐，造型和顺流畅，是典型的宋式建筑。

1983年，灵隐寺被国务院确定为汉族地区佛教全国重点寺院。

宁波天童禅寺

天童寺位于浙江省宁波市东30千米的鄞县东乡的太白山麓，是国务院确定的汉族地区全国重点寺院。号称"东南佛国"，为我国"五大丛林"之一，创建于永康元年（300），距今已有1 700余年的历史。此寺乃日本佛教曹洞宗的祖庭，在中日文化交流中占有重要地位。

天童寺占地面积为7.6万平方米，建筑面积为3.88万平方米，有殿、堂、楼、阁、轩、寮、居30余个，计999间。诗赞曰："山外青山翠满峰，丛林禅宗九州同。楼堂仟阁难相数，广厦千座是天童。"天童寺现存规模，基本上保持明朝格局，寺宇布局严谨，结构精致，主次分明，疏密得体。

主要建筑天王殿在民国二十五年（1936）落成，近几年重修。面宽32米，深24米，高18米。殿正中供奉欢天喜地弥勒佛。

寺内保存宋朝（1159）周葵撰文、张孝祥书写的《宠智禅师妙光塔铭》碑石；明崇祯十四年（1641）铸造的直径2.36米、深1.07米、重2吨的千僧铜锅；著有81卷的《华严经》，重6.5吨的铜钟，清顺治赐鎏金药师铜像以及顺治、康熙御书碑刻等。

九华山肉身宝殿

　　九华山肉身宝殿又名"肉身殿"、"肉身塔"，坐落在安徽省九华山的神光岭上，是地藏王菩萨金乔觉的肉身供奉处。它和地藏王菩萨成道处化城寺一起，同为九华山的重要佛教寺庙。

　　肉身宝殿始建于唐贞元十三年（797）。金乔觉24岁出家，从新罗（今朝鲜）渡海来到九华山修行、传道，至99岁圆寂，共度过75年时间。此时，离金乔觉圆寂已经过了3年。之后，人们对肉身宝殿屡有修葺。明万历年间（1573～1620）扩建。清咸丰七年（1857）遭火毁。同治年间（1862～1874）重建。

　　肉身宝殿长、宽均为15米，高18米。顶铺铁瓦，四周建有回廊。殿内雕梁画栋，富丽堂皇。一座八面七级、高达17米的木塔，矗立在殿中。塔外雕有佛龛，龛内有地藏王菩萨的金身坐像。木塔内壁贴有地藏菩萨的《地藏本愿经》。而安放金乔觉肉身的三层石塔，就存放在这座木塔中。木塔之前，还有八角琉璃灯一盏，四季长明。这里就是佛教信徒们敬仰的圣地。

　　在肉身宝殿之前，有84级石阶，以及作为僧房和文物陈列室的东西厢房。殿后，有石砌的半月形瑶台一座，铁鼎三只和古花园一座。这就是人们所说的"布金胜地"。

　　在肉身宝殿中，还有唐至德年间（756～758）皇帝赐给的璃龙金印和"利生"玉印，明万历年间（1573～1620）皇帝赐给的龙印，以及明代的"八音石"，清代康熙年间（1662～1722）铸造的金地藏渡海坐骑——独角兽等，都是极为珍贵的文物。

福州涌泉寺

涌泉寺位于福建省福州市的鼓山。鼓山是福州著名的风景区，因山巅有巨石如鼓，每逢风雨大作，颠簸激荡有声而得名。涌泉寺前临香炉峰，背枕白峰，名山古刹交相辉映，风景十分秀美。

涌泉寺始建于五代梁开平二年(908)，时称"国师馆"。宋时称"涌泉禅院"，明永乐五年(1407)改为寺。清康熙三十八年(1699)，清圣祖御书赐"涌泉寺"匾额。

涌泉寺目前的建筑，多为明、清两朝以后重建和扩建，基本上保持了明嘉靖年间的格局，中轴线以天王殿、大雄宝殿、

法堂为主，两侧辅以其他殿堂楼阁，计有大小殿堂25个，占地16 650平方米，以气势宏伟著称。

寺前两侧有两座"千佛陶塔"，建于宋元丰五年(1082)，东边一座称"庄严劫千佛宝塔"，西边一座称"贤劫千佛宝塔"，双塔用陶土烧制，八角九层，高约7米，底基为石砌平台，塔身细部仿木构楼阁形式，东塔有佛像1 092尊，西塔有佛像1 122尊。八角塔檐另塑佛像72尊，悬挂陶制塔钟72个。塔座上塑莲瓣、舞狮，并刻铭文记述双塔建造时间和造塔工匠姓名。用陶土烧制这么高大精美的塔，而且保存至今，为国内罕见。

"天王殿"是涌泉寺主体建筑中的两座大殿之一，殿内左右塑四尊巨型天王像，正中为弥勒佛像。

过天王殿是大天井，中间横桥卧波，桥名"石卷桥"，两边铁杆入云，系船局所造。天井两旁的钟鼓楼分置巨钟大鼓，钟楼上的钟是清康熙三十五年（1696）用金银铜锡合金铸成，重约2吨，钟上铸有金刚般若波罗经全部，共有汉字6 372个，撞钟僧每念"南无阿弥陀佛"108遍后，敲钟一下。

　　"大雄殿"是涌泉寺的核心，殿内正面雕塑了释迦牟尼三世佛巨像，左右两厢雕像高大，占大殿中间很大一部分，从莲座至头部高6.67米，几达屋顶。殿内保存着清康熙年间铁铸的西方三圣像，外表贴金，每尊重约1 150千克。像前安放一张康熙五年(1666)以铁丝木制的供桌。大殿再后一进为法堂，法堂也称"圆通宝殿"，殿里供奉观世音及二十四诸天像，保存明、清两代经书近万册，比较突出的是明版锦装的几十部《大方广佛华严经》。此外，还陈列着许多小型佛像、钟磬、陶瓷花瓶等珍品，仰板上保存清光绪十三年（1887）绘制的佛经及佛教发展史方面的图画75幅。法堂后面山上有花岗石砌的神晏国师塔，形制古朴。藏经殿正中有一座释迦舍利塔，佛舍利子供奉其中。塔前安放一尊缅甸白玉雕的释迦牟尼佛涅槃像。两侧陈列着大橱，内存有明版《南藏》、《北藏》、清版《龙藏》等，共计20 346册。还有用"贝多罗"树叶制成的巴利文南传佛经七种和历代高僧大德血书的经书657册，堪称镇寺之宝。

　　灵源洞位于寺之东，此处怪石嵯峨，摩崖题刻密集，堪称碑林。其中以宋蔡襄、李钢、赵汝愚、朱熹、张元干等人的摩崖题刻最为著名。

　　涌泉寺与海外各地关系密切。清光绪十七年（1891），方丈妙莲和尚与本忠、善庆法师在马来西亚槟城创建极乐寺，作为鼓山涌泉寺的公廨。台湾早期佛教中的月眉山系、观音山系、法云寺系，皆传自鼓山涌泉寺。1983年，涌泉寺被国务院确定为汉族地区佛教全国重点寺院。

福建开元寺

开元寺是驰名中外的名胜古迹，也是福建省最大的佛教建筑之一。它位于福建泉州鲤城区西街，占地面积为7.8万平方米，建于唐武则天垂拱二年（686），至今已有1300多年的悠久历史，是全国重点佛教寺院和重点文物保护单位。

开元寺，初名"莲花寺"，后来先后易名为"兴教寺"、"龙兴寺"，唐玄宗开元二十六年（738）才诏改为今名。殿宇构筑雄伟壮观，流金溢彩，四周

刺桐掩映，古榕垂阴，双塔耸立，景色极其幽美。

开元寺寺内大殿毁于火，明洪武、永乐年间重建，相传建筑之初，常有"紫云盖地"之瑞，故称"紫云大殿"。大殿建筑规模宏伟，面阔九间，进深六间，高约20米，有近百根石柱，故民间又有"百柱殿"之称。殿顶为重檐歇山式，殿内斗拱附饰飞天伎乐二十四尊，为国内木构建筑中所少见。宋朱熹为推崇开元寺而撰联曰："此地古称佛国，满街皆是圣人。"可见当年开元寺的盛况。大殿前是一片宽敞平坦、古榕蔽天的石拜庭，正中置焚帛炉一座，两旁分立着宋、元、明、清时代雕刻精美的塔和经幢，这些文物对研究我国建筑历史与艺术有重要的参考价值。

开元寺内有东、西两石塔。俗称"紫云双塔"，矗立在开元寺两侧，两塔相距约200米。东塔名"镇国塔"，始建于唐咸通六年（865），初为木制结构，南宋宝庆三年（1227）易以砖材，嘉熙二年（1238）改用石料，淳祐十年（1250）竣工，高48.24米。西塔名"仁寿塔"，始建于五代后梁贞明二年（916），初为木塔，屡毁于火，南宋绍定元年（1228）改建石塔，嘉熙元年（1237）竣工，高44.06米。双塔均仿木构，雄伟壮丽，雕刻精美，为石塔建筑中的珍品。

小故事

相传这里原是财主黄守恭的大桑园。一天，黄守恭梦见一个和尚要他献园建寺，于心不甘，就与和尚相约：佛法无边，三天内园中桑树若能开出白莲花就献。不料三天后，满园桑树果然竟吐白色莲花，黄守恭只得献园，故寺建成后名为"莲花寺"。今寺内西畔还有一株老态龙钟的桑树，据传它当年就开过白莲花。此寺因此雅称"桑莲法界"。

济南兴国禅寺

兴国禅寺位于山东省济南市的千佛山上。千佛山古称"历山"，相传虞舜曾躬耕于此，故有"舜耕山"之称。寺始建于隋代开皇年间，原名"千佛寺"。唐贞观年间(627~649)重修，改名"兴国禅寺"，并沿用至今。

兴国禅寺依山而建，共有五座殿堂，分两个院落，禅院深邃幽静，殿宇雄伟壮观，殿堂分布错落有致。从山下望去，整个寺院就好像是镶嵌在山腰的一幅壁画，令人赏心悦目。游人由千佛山西盘路拾级而上，经过古木掩映中的唐槐亭、"齐烟九点"坊、"云径禅关"坊，迎面就是兴国禅寺山门。门楼西向，上面雕刻着赵朴初先生题写的"兴国禅寺"四个金色大字。大门两侧是一副对联："暮鼓晨钟，惊醒世间名利客；经声佛号，唤回苦海梦迷人"。寺内最吸引人的是千佛崖。这里有九个石窟，是隋开皇年间（581~600）所造的佛教凿石造像，还有部分是唐代贞观年间造像，至今还能看出全貌的有130余尊。这些造像镂刻精湛，栩栩如生，是研究隋唐石刻艺术的重要史料。悬崖上有三个大佛洞，其中极乐洞中的佛像最为宏伟精湛。

极乐洞内有佛像20余尊，正面石壁上刻有西方三圣，中间阿弥陀佛像高3米，跏趺而坐，左右侍立观世音、大势至二位大士像，各高2.5米。三圣像神态安详，雕工精细，线条优美，是隋代石刻精品。由于千佛崖终年接受不到阳光照射，崖壁十分阴湿，布满青苔、藤萝。佛洞中有山水渗出，水滴似银珠落下，声音清脆响亮。水最多的是龙泉洞，该洞内有水深3米的泉水，浮雕佛像20余尊。黔娄洞，是春秋时齐国高士黔娄隐居的地方。洞深数丈，高约2米，中镌黔娄坐像，洞内原6尊佛像已残缺不全。

三洞的东面有石坊矗立，名"洞天福地"坊。此坊建于清乾隆五十七年（1792），青石雕砌，飞檐起脊，脊两侧饰有花纹。檐上雕有瓦垄，檐由四朵云头斗拱承托，拱下额坊有二龙戏珠、狮子舞球等精美浮雕。寺内藏经楼一名"对华亭"，因向北面对华不注山而取名。该楼像悬挂在峭壁上一般，双檐起脊，给人们以飞动感，具有很高的审美价值。现一楼为寺院客堂，二楼收藏经书。

1983年，兴国禅寺被国务院确定为汉族地区佛教全国重点寺院。

河南少林寺

少林寺位于河南省登封市西北15千米处的嵩山少室山下，因为此地环境清幽，周围全是密密匝匝的树林，所以得名"少林寺"，意为"深葬于少室山下密林中的寺院"。北魏太和十九年（495），孝文帝为安顿印度高僧拔陀落迹传教而依山敕建少林寺。释迦牟尼大弟子摩诃迦叶的第二十八代佛徒达摩泛海至广州，经南京，北渡长江来到嵩山少林寺，广集信徒于手传禅宗，被佛教界奉为中国禅宗的祖初，少林寺也被奉为中国佛教的禅宗祖庭。

达摩渡江传教还带来了著名的"心意拳"，经寺内众僧徒的操演、充实，发展成极负盛名的一支武术流派，使少林寺作为少林拳的发源地而名扬四海。

少林寺于隋唐时期达到极盛。寺院内建筑当时竟达5 000余间，聚集僧徒千余人。此后，除元末寺院再次遭受较大毁废外，各代均加以修葺，至清末仍保存有六进院落的规模，少林武术也流传不绝。民国年间军阀混战，少林寺内主要建筑有近半被焚，许多重要文物也付之一炬，寺院一片荒凉，但少林武术并未因寺毁而失传，却继续繁衍、流行。

少林寺现在尚存有山门和最后几座殿堂，即客庭、达摩亭、千佛殿及千佛殿的东西配殿——白衣殿和地葬殿，中轴线上原有的天王殿、大雄宝殿，藏经阁等仅存遗址。现有建筑中规模最大的为前佛殿，创建于明万历十六年（1588），清乾隆年间重修。殿内后檐墙保留有300平方米的大幅明代壁画《五百罗汉朝毗卢》。大殿地面留有操演少林拳的遗迹，铺砖被磨成一个个的浅凹坑。白衣殿为清末建筑，殿内墙壁绘有少林武术的"锤谱"及"十三和尚救唐王"等壁画，又名"锤谱殿"。少林寺僧救李世民的故事，富有传奇色彩。李世民化装轻骑深入敌后侦察，被王仁则部下捉住。在押解至洛阳途中，李世民逃跑，少林寺僧觉远和尚等将他藏在水中，以打水仗为戏，躲过了追兵。后又助李活捉王仁则，逼降了其叔王世充，为唐朝统一中国立下了汗马功劳。李世民登基后，特许少林寺养兵五百，少林和尚可吃酒肉、开杀戒、参政事，封寺僧昙宗为大将军，觉远和尚为少林寺主教。《唐太宗赐少林寺主教碑》有李世民亲笔署名，嘉奖寺僧战功。此碑现仍树立在原钟楼旧址。

此外，寺内还留有唐太宗、苏轼、蔡京、米芾、赵孟頫、董其昌等历代名家的碑碣，达摩—苇渡江阴刻画像碑及玉佛、铜佛、铁佛等珍贵文物。

少林寺西边的塔林有从唐朝到清朝的墓塔220多座，是中国最大的塔群。

小故事

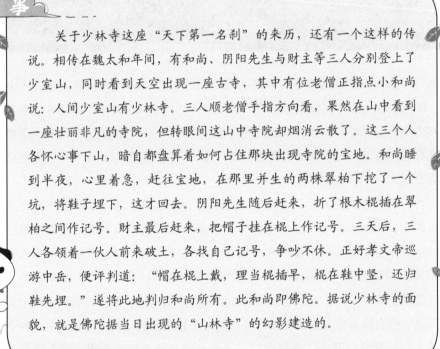

关于少林寺这座"天下第一名刹"的来历，还有一个这样的传说。相传在魏太和年间，有和尚、阴阳先生与财主等三人分别登上了少室山，同时看到天空出现一座古寺，其中有位老僧正指点小和尚说：人间少室山有少林寺。三人顺老僧手指方向看，果然在山中看到一座壮丽非凡的寺院，但转眼间这山中寺院却烟消云散了。这三个人各怀心事下山，暗自都盘算着如何占住那块出现寺院的宝地。和尚睡到半夜，心里着急，赶往宝地，在那里并生的两株翠柏下挖了一个坑，将鞋子埋下，这才回去。阴阳先生随后赶来，折了根木棍插在翠柏之间作记号。财主最后赶来，把帽子挂在棍上作记号。三天后，三人各领着一伙人前来破土，各找自己记号，争吵不休。正好孝文帝巡游中岳，便评判道："帽在棍上戴，理当棍插早，棍在鞋中竖，还归鞋先埋。"遂将此地判归和尚所有。此和尚即佛陀。据说少林寺的面貌，就是佛陀据当日出现的"山林寺"的幻影建造的。

洛阳白马寺

　　白马寺位于河南省洛阳市东郊12千米处，始建于东汉永平十一年（68），是佛教传入我国后第一座由官府建造的寺院，所以历来被尊为中国佛教的"祖庭"和"释源"，有"古国第一古刹"之称。

　　据史料记载，洛阳白马寺在武则天垂拱元年（685）曾被大修过一次。由于寺主僧怀义得幸于武则天，该寺盛极一时，大小和尚多达千人。宋淳化三年（992）又一次重修，使之"鼎新伟构"，"更类天宫"。再后，金、元、明、清历代都有所修饰和增建。现存寺院是清康熙五十二年（1713）重修后的规模，占地总面积为4万平方米。主轴线上共有四座大殿：天王殿、大佛殿、大雄宝殿和引接殿；后院清凉台上还有毗卢阁。

　　白马寺的大雄宝殿是全寺的主殿，规模宏伟，殿内所存的三世佛、二天将、十八罗汉像都是元代作品，"文革期间"由北京故宫博物院移来此地。造型逼真，形态各异，是佛教艺术的珍品，也是国家一级国宝。白马寺还保存着

自唐以来的历代碑碣40余座，以元代书法家赵孟頫手书《洛京白马寺祖庭记》最为珍贵。

　　山门外东南约200米处，有一座齐云塔，共13层，高约24米，目前住的都是尼姑。该塔风格独特，具有较高的艺术价值，是中原地区为数不多的金代古建筑之一。因为它建造在汉明帝时9层舍利浮图的遗址上，所有又叫做"舍利塔"。传说这里原是个清水潭，被一只蛤蟆精占据，每年都要发一次大水，祸害百姓。有一游方僧人路过，正遇蛤蟆精兴风作浪，便抛出金镯子，将它打翻在地。蛤蟆向僧人求饶，僧人命它造一座宝塔赎罪。从此蛤蟆辛苦干了13年，建成了齐云宝塔，并住在塔里，看护宝塔。后来，它终于变成了金蛤蟆。为了赎罪，每逢干旱时，它就叫个不停，使甘霖普降。所以，站在塔前20米击掌，金蛤蟆就会发出"哇哇哇"的应声。

小故事

　　传说汉明帝刘庄梦见的金色巨人就是当年降生在西方天竺国的大圣人，尊号是"佛"。这是佛法将传入中原的征兆。汉明帝即派蔡音、秦景等十二人去西方寻求佛法。他们历尽艰辛，到了大月氏（今阿富汗一带），遇见正在那里传播佛教的天竺高僧摄摩腾和竺法兰。于是便邀请二位高僧到中华传法，二位高僧欣然应允。蔡音等人抄录了一份《四十二章经》，便陪二位高僧回国。当时没有纸，全抄在竹简上，就用一匹马把这些竹简驮回来。汉明帝大喜，下令在洛阳建造一座寺院。为了纪念白马驮经，遂取名"白马寺"。

开封大相国寺

大相国寺位于河南省开封市，为我国著名的佛教寺院之一。大相国寺相传为战国时魏公子信陵君的故宅。北齐天保六年（555)在此创建寺院，初名"建国寺"，后被毁。唐睿宗时，僧人慧云重建新寺，因睿宗登基前曾为相王，延和元年(712)睿宗敕令改名为"相国寺"，并赐"大相国寺"匾，该寺名沿用至今。

北宋时相国寺为开封最大的佛寺，深得厚遇，寺院住持由皇帝册封。当时的相国寺占地36万余平方米，殿阁庄严绚丽，僧房鳞次栉比，花卉满院，被赞为"金碧辉映，云霞失容"。相国寺成为皇帝平日观赏、祈祷、寿庆和进行外事活动的重要场所，被誉为"皇家寺"。

相国寺的建筑布局为中国传统的中轴对称式，主要建筑有山门、天王殿、大雄宝殿、八角琉璃殿、藏经楼等，由南至北沿中轴线分布，大殿两旁东西阁楼和庑廊相对而立。相国寺门前有一古色古香的牌楼，极有民族特色。进山门迎面为天王殿，内有四大天王像和弥勒佛像，弥勒佛像两旁有一副对联："慈颜常笑，笑世上可笑之人；大肚能容，容天下难容之事"。

过天王殿为大雄宝殿，殿宽七间，重檐复宇，斗拱飞翘，顶覆黄、绿琉璃瓦。檐下"大雄宝殿"匾，金色滚龙镶边，蓝底金字，字体工整雄浑。殿周围及月台边沿，围汉白玉石栏杆，每一立柱上镂刻有一只小狮子，姿态各异。殿前石阶上有螭龙盘绕，雕工异常精巧。阶下有一座小花园，园中立有太湖石，传为宋代良丘遗物。八角琉璃殿建筑别具一格，外面是环绕一周的八角殿，附檐周围为游廊，下安雕栏，屋顶覆黄绿琉璃瓦，挑角上均悬铃铎。八角殿中间为一小院，院中耸立一亭，高约13.3米，亭顶有一个1.67米高的铜宝瓶。八角亭中置木雕密宗四面千手千眼观世音巨像，高约7米，全身贴金，相传是用一整株银杏树雕成的，工艺精美，令人惊叹。八角琉璃殿北为藏经楼，其楼垂脊挑角处饰琉璃狮子，下安铃铎，四周出厦，就像游廊，门窗隔扇，皆有雕饰，十分精美。钟楼内存一口清朝巨钟，重万余斤，钟声宏亮。"相国霜钟"为旧时开封八景之一。

武汉宝通寺

　　宝通寺位于湖北省武汉市洪山南麓，为荆楚名刹。洪山位于武昌，是武汉著名的风景区。早在南朝刘宋时（420～479）洪山即建有"东山寺"，唐贞观年间（627～649），鄂国公尉迟敬德在此扩建寺宇，监制铁佛，改东山寺名"弥陀寺"。南宋端平年间（1234～1236），理宗赐寺名为"崇宁万寿禅寺"，至明成化二十一年（1485）更名为"宝通禅寺"，沿用至今。

　　宝通寺拥汉地的青山碧水，得楚天的钟灵毓秀，风光无限，美不胜收。现有殿宇多为清同治四年至光绪五年（1865～1879）所建，其建筑或昂举或幽深，皆依山势而起伏，隐现自然，层叠有致。殿阁庄严古朴，宏伟壮丽，蔚为大观。进入山门，有放生池、圣僧桥、钟鼓楼、弥勒殿、东西花厅、普同塔院

等；登般若门至大雄宝殿，依次递进为客堂、禅堂、玉佛殿、藏经楼、方丈室、关房等；东侧有般若楼、斋堂、香积寮；西侧有伽蓝殿、客堂；西院内有宾客楼、僧寮等。直登后山可见万佛殿、法界宫、华严洞、洪山宝塔等。寺中鼓楼内有一大鼓，据称为全国第二，法界宫（亦称"罗汉堂"）建筑

融中西风格，石柱高耸，饰有浮雕、顶覆琉璃瓦。洪山宝塔为七层八角塔，高45.6米，砖石结构，结构严整，外观壮丽，为洪山风景区标志性建筑。文物古迹有宋朝古钟、明朝石狮、清朝藏经等。寺院周围古木参天，修竹滴翠，空气清新，环境清幽，为武汉市著名景观。

当阳玉泉寺

　　玉泉寺位于湖北省当阳市城西南12千米的玉泉山东麓。相传东汉建安年间，僧人普净结庐于此。南朝后梁大定五年（559），梁宣帝萧察敕玉泉为"覆船山寺"。隋开皇十二年（592），晋王杨广应智顗奏请在此起寺，敕名"一音"，后改为"玉泉寺"。现存殿堂楼阁多具明清营造风貌，其间也部分保留宋、元规制遗风。玉泉寺曾与浙江天台国清寺、山东长清灵岩寺、江苏南京栖霞寺并称为"天下四绝"。鼎盛时期，其规模"为楼者九，为殿者十八。三千七百僧舍"，"占地左五里、右五里、前后十里"。

　　玉泉寺现存主要殿堂有：弥勒殿、大雄宝殿、毗卢殿、韦驮殿、伽蓝殿、千光堂、大悲阁、十方堂、藏经阁、文殊楼、传灯楼、讲经台、般舟堂和圆通阁等。其中大雄宝殿最为雄伟瑰丽，是我国南方最大的一座古建筑。大殿重檐歇山式，建筑面积为1 253平方米，通高21米，面阔九间，进深七间，梁架为抬梁穿斗式，立柱72根，斗拱154组，花卉藻井，彩绘斑斓。殿前置隋大业十一年(615)铁镬、元代铁釜、铁钟等珍贵的大型铁质文物10余件；殿侧有石刻观音画像一通，传为唐代画圣吴道子手迹。寺内古柏苍劲，银杏叶茂，并蒂莲艳，桂花溢香，修竹葱翠，庄严静谧。

　　玉泉寺前三园门北侧青龙山余脉冈地上有玉泉铁塔一座。铁塔本名"佛牙舍利塔"，俗称"棱

金铁塔"、"千佛塔",北宋嘉祐八年(1061)为重瘗唐高宗、武则天皇后所授舍利而铸建,仿木构楼阁式,八角十三级,通高16.945米,重26 472千克。铁塔通体不施榫扣,不加焊粘,逐件叠压,自重以固;其外形俊秀挺拔,稳健玲珑,如玉笋嵌空。玉泉铁塔是我国现存最高、最重、最完整的一座铁塔,它对研究中国古代冶金铸造、金属防腐、营造法式、建筑力学、铸雕艺术以及佛教史具有十分重要的价值。

玉泉寺北侧显烈山下有中国最早的关庙——显烈祠,祠前有一泓珍珠泉水,俗名"金龙池",相传为三国蜀将关羽死后显灵处。珍珠泉为全国三大间歇名泉之一,宋朝苏轼称其为"漱玉喷珠",明朝袁宏道赞其为"珠泉跳玉"。游人若临岸静观,则清碧如玉,泡如珍珠,若击掌跺石,则泉沸水涌,迭如贯珠,其水质甘洌醇香。泉南山脚竖有明万历所立石望表,上刻"汉云长显圣处";望表西有清阮元念唐碑书"最先显圣之地"石碑一通。泉上珍珠桥为1949年后增建,珠泉虹桥交相辉映,分外妖娆。循寺北向西,有溪水湛天、千年银杏、狮子崖、梅花井、智者洞、宋敕修传灯录院遗址、金霞洞、一线天;向南有退居、紫柴庵、幻霞洞等人文景观、名胜古迹深藏幽谷。

玉泉寺在中国佛教史上具有重要地位。隋朝时为天台宗祖庭之一,智者大师在此宣讲《法华玄义》、《摩诃止观》,首创天台宗道场;唐为禅宗北宗祖庭,弘忍、神秀、普寂、一行等高僧在寺创倡渐悟禅法;宋释道源、宋绥、宋祁编撰《景德传灯录》于此寺;张九龄、李白、白居易、孟浩然、元稹等历代文人墨客为之留下许多诗词、碑刻;中国关公文化也渊源于此。

衡山南台寺

南台寺位于衡山瑞应峰下，素有"天下法源"之称。它建于梁天监年间，原是海印和尚修行的处所，存寺后左边的南山岩壁上，有一如台的大石。据说当年海印和尚常常在这块石上坐禅念经，所以寺名"南台"。现在台边还清晰可见"南台寺"三个直径约为0.7米的大字，左边有"梁天监年建"，右边有"沙门海印"两行直刻小字。

南台寺自唐代创建后，曾经废圮，直到宋乾道元年（1165）才重新修缮。明朝初年，寺院荒废。明弘治年间，元礤和尚重建。清初，寺院又废圮。有些僧徒乘机分移寺产，在山下岳庙旁各建小寺，自称"南台嫡系正派"。

光绪年间，衡阳人淡云和尚与其徒，见新老南台真伪并出，"争利于禅林，有辱佛门"，便下决心重振南台正宗。光绪十六年（1890），他们找到了南台寺旧址，募捐18 000余贯，于光绪二十八年（1902）开始动工，历时4年，到乙巳年（1905）将寺建成。寺宇规模宏大，超过历代所建规模。南台寺有四部分，山门挂"古南台寺"匾额。二进为弥陀殿，正门前有"南台禅寺"门额。三进为佛殿，有塑像饰龛。四进为法堂、祖堂、云水堂。两厢各有斋堂、禅堂、客房等。寺中大小舍房100余间。

　　光绪癸卯年间（1903），日本曹洞宗法脉高僧梅晓和尚（六休上人），自称是石头和尚第四十二代法孙，专程来南台寺。这时南台寺的重建工程正在进行，梅晓见屋基楚楚、砖墙厚实，规模宏大，十分高兴。当即向淡云和尚提出：寺宇落成，愿赠"藏经"一部，淡云和尚表示乐意接受。他回国后第四年（1907），就率领日本佛徒数十人，亲自护送"藏经"到南台寺，并举行了隆重的赠经仪式。这是当时一件盛事，成了中日友好往来源远流长的历史见证。自梅晓赠经以后，至今日本佛教徒还不时派出代表团来南台寺礼祖。

广州光孝寺

广州有民谚说："未有羊城，先有光孝。"位于广州市光孝路的光孝寺是广州市四大丛林（光孝、六榕、海幢、华林寺）之一，也是岭南地区年代最古老、规模最大的佛教名刹，光孝寺的历史源远流长。寺址原是西汉初年南越王赵佗的玄孙赵建德故宅。寺名曾几次更改，东晋隆安五年（401）称"五园寺"，唐代称"乾明法性寺"，五代南汉时称"乾亨寺"，北宋时称"万寿禅寺"，南宋时称"报恩广孝寺"，明宪宗成化十八年（1482）赐"光孝寺"，从此改称"光孝寺"。

光孝寺也是中印佛教文化交流的策源地之一。自创寺以来，常有中外高僧到寺中驻锡传教弘法。东晋时期罽宾国三藏法师昙摩耶舍来寺扩建大殿并翻译佛经。刘宋文帝元嘉年间，印度高僧求那跋陀罗在寺中创建戒坛传授戒法。梁天监元年（502），智药三藏自西印度携来菩提树，植于戒坛前，"光孝菩提"是宋代"羊城八景"之一。陈武帝永定元年（557），印度高僧波罗末陀（即真谛三藏法师）在寺内翻译《大乘唯识论》、《摄大乘论》等经论。

公元749年，唐代高僧鉴真第五次东渡日本时，被飓风吹至海南岛，然后来广州，也在此住过一个春天。唐高宗仪凤元年（676）禅宗六祖慧能与僧论风幡，剃发于菩提树下，开演东山顿悟法门。神龙元年（705）西域高僧般刺密谛三藏于此翻译《首楞严经》十卷，宰相房融笔受。唐玄宗时（724），不空三藏于光孝寺建立规模宏大的灌顶道场传授密法。明万历二十六年（1598），高僧憨山大师在光孝寺讲《四十二章经》，提倡禅净双修，重修殿宇，并撰仪门联："禅教遍寰中兹为最初福地，抵园开岭表此是第一名山。"

光孝寺建筑规模雄伟，为岭南丛林之冠。它不仅在佛教历史上占有重要的地位，并且开创了华南建筑史上独有的风格和流派。寺院气势十分雄伟，殿宇结构工艺威严壮丽，特点鲜明。原有11殿，由于历史变迁，寺院几遭破坏。至今光孝寺有山门、天王殿、大雄宝殿、钟鼓楼、伽蓝殿、六祖殿、睡佛楼、洗钵泉、东西铁塔、大悲幢、瘗发塔等建筑与历代碑记文物。建筑群中以大雄

宝殿最为雄伟，东晋时创建，唐代重修，保持了唐、宋的建筑艺术。殿内采用中间粗、上下略细的梭形柱，大殿下檐斗拱都是一跳两昂的重拱六铺作，这种风格在全国著名古建筑中为仅存。大雄宝殿构筑在高高的台基上，钟、鼓二楼分建在殿的左右。殿内有新修建的三尊大佛像，中为释迦牟尼，左右分别是文殊师利和普贤菩萨，三尊佛像合称为"华严三圣"。宝殿

台基左右两侧还有一对石法幢。中国南部的许多寺院都仿照该寺的样式。

瘗发塔高7.8米，呈八角形，七层，每层有8个神龛。唐高宗仪凤元年（676），六祖慧能在菩提树下剃发为僧后，当时的住持法师印宗把慧能的头发埋在这里。后建塔以资纪念。

东西铁塔是中国现存最古老的两座铁塔。其中西铁塔建于五代南汉大宝六年（963），比东铁塔早建4年。该塔是南汉皇帝刘金长的太监龚澄枢与他的女弟子邓氏三十三娘联名铸造，有很高的艺术价值。抗战期间因房屋倒塌，压崩了4层，现仅存3层。

大悲幢建于唐宝历二年（826），宝盖状如蘑菇，以青石造成，高2.19米，幢身八面刻有"大悲咒"，为寺内现存石刻中最早且有绝对年代可考者，但字迹多已风化。

传说惠能来光孝寺，印宗法师正在宣讲涅经，偶见风吹幡动，二僧对论，一曰"风动"，一曰"幡动"，惠能认为非风动亦非幡动而是心动，满座皆惊。印宗法师知是禅宗法嗣，即拜为师。自始开辟佛教南宗，称"禅宗六祖"。

广州六榕寺

广州六榕寺位于广东省广州市朝阳北路（六榕路）。寺中有宋代的禅宗六祖铜像和花塔，远近闻名。

此寺始建于南朝梁大同三年（537）。北宋初年被火烧毁。端拱二年（989）重建，更名为"净慧寺"。元符三年（1100），大文豪苏东坡来寺游览，并据寺中榕树数目，题写了"六榕"二字，从此更名为"六榕寺"。明洪武二十四年（1391），将寺的一半改做粮仓，另一半留做寺院，后经不断维修，这就是今天的六榕寺。

六榕寺现存的主要建筑有大雄宝殿、六祖殿、观音殿、花塔和碑廊等。

花塔正名叫做"舍利塔"，始建于南朝梁大同三年（537）。初为木塔，后重建为砖木结构塔。因塔身装饰华丽，人们称其为"花

塔"。塔高57米，平面为八角形，外观9层，内部实为17层。塔外有回廊。塔内有楼梯，右上左下，可以上达。塔刹中的铜柱铸造于元至正十八年（1358），柱身上铸刻有佛像千尊。由铜柱、宝珠、九霄盘、铁链构成的塔刹，重5吨，立于塔顶，庄重秀丽。

在六祖殿内，有北宋端拱二年（989）铸造的重达千斤的六祖慧能铜像一尊。在观音殿内，有清康熙二年（1663）铸造的重达10吨的铜佛像三尊，重达5吨的观音铜像一尊。碑廊内保存着宋、元、明、清时期的石碑20余座，是研究寺史和岭南历史的可靠历史资料。

峨眉山报国寺

峨眉山报国寺坐落在四川省峨眉市南的峨眉山麓，离城7千米。这是我国四大佛教圣地之一的普贤菩萨道场，是峨眉山八大寺之一。寺内保存着明代铜塔、铜钟和大瓷佛，驰名中外。

明万历年间（1573~1620），人们在伏虎寺对面建了一座寺庙，寺内供奉着佛教的普贤菩萨、道教的广成子、代表儒教的春秋名士陆通，取佛、道、儒三教会宗合祀之意，将寺庙定名为"会宗堂"。明末，寺毁。清顺治年间（1644~1661），人们在今址重建。康熙四十二年（1703），康熙皇帝题写了"报国寺"大匾，遂更名为"报国寺"。同治五年（1866）扩建。后经多次维修，报国寺保存完好。

山门、弥勒殿、大雄殿、七佛殿和藏楼，位于报国寺的中轴线上。花影亭、七香轩、凝翠楼、待月山房等，布列两侧。杜鹃、山茶、丹桂、腊梅等种植在庭院中，四季常青，花香不断，环境优美。

寺内现存的文物很多，其中珍贵者不少。明代铸造的铜塔，又名"紫铜华严塔"，矗立在大雄殿后。铜塔通高7米，塔身分上、下两部，每部铸有楼阁七层。全塔共铸《华严经》一部，小佛像4 700百尊。莲花铜钟，高2.8米，唇径为2.4米，重12.5吨。此钟铸造于明嘉靖四十三年（1564）。钟上铸有晋、唐以后历代帝王和高僧的名讳，以及《阿含经》一部。人称"天府钟王"。现悬挂在圣积晚钟亭内。在七佛殿后，有一尊高达2.47米的大瓷佛像。佛像的底座上，有千叶莲花图案，佛身上披有千佛袈裟，体现了"一花一世界，千叶千如来"的佛教思想。这尊卢舍那佛瓷像，是明朝永乐十三年（1415）在江西景德镇烧制的。此外，在七佛殿中，还有北宋著名文学家黄庭坚书写的四幅《七佛偈》木条屏，也很珍贵。

在大门外，有当代大文豪郭沫若题写的"天下名山"牌坊，著名爱国将领冯玉祥题写的"名山入口"四个大字，这都是不可多得的珍品。

峨眉山伏虎寺

峨眉山伏虎寺坐落在四川省峨眉山麓，是我国四大佛教圣地之一的普贤菩萨道场峨眉山的一座名刹。寺内的紫铜古塔，以及稀有植物秒椤树、枯叶蝶，久负盛名。

此寺始建于唐代，宋代称"神龙堂"，明末寺毁。清顺治八年（1651）重建，更名为"虎溪精舍"，又名"伏虎寺"。后经不断维修，殿堂保存完好。

伏虎寺的现存重要建筑有山门、中殿、正殿和御书楼，此外还有禅堂、僧房等。

在正殿左侧的华严宝塔亭内，有一座高5.8米的紫铜古塔塔分14层。塔上铸有佛像4 700余尊、《华严经》195 048字，刻工极为精细。

在华严宝塔亭下的虎泉之滨，有八大濒危植物之一的秒椤树。这种植物原生长于海底，后逐渐成为陆生品种，生长在1亿7千万年前，冰川时期大量死亡。现在，这种植物所存不多。1982年已被我国列为重点保护的珍稀植物名录中。

春、夏之际，成群结队的稀有蝴蝶枯叶蝶，飞到伏虎寺内外，为古寺增光添彩。

在伏虎寺内，还有一种令人称奇的自然现象，那就是地处密林的殿堂屋面上没有一片枯叶，连清朝康熙皇帝都感到奇怪，把它称为"离垢园"。古人说，这是神力所为。而实际上，伏虎寺地处山谷中，回旋风四时不断。屋面上没有枯叶，是风卷残叶的结果。应当说，这也是伏虎寺一"奇"。

峨眉山万年寺

　　峨眉山万年寺坐落在四川省峨眉山半山腰的骆驼岭下，是我国四大佛教圣地之一的普贤菩萨道场峨眉山的一座大寺。此寺因有宋代铸造的普贤菩萨铜像，明代建造的无梁砖殿，早已蜚声海内外。1961年，国务院将它列为全国重点文物保护单位。

　　早在汉代，这里就是采药老人蒲公的结茅修行处。东晋隆安年间（397～401），此处建有普贤寺，唐乾符三年（876），更名为"白水寺"。北宋多次维修，更名为"白水普贤寺"。明万历皇帝朱翊君为庆祝母亲的七十大

寿，赐钱建无梁砖殿一座，赐匾"圣寿万年寺"。万年寺之名，由此沿用至今。无梁砖殿高17.12米，面宽15.79米，进深16.06米。下方上圆，象征着天圆地方。殿内四壁设有佛龛，龛内供奉着铜、铁佛像。殿顶为穹窿形，彩绘各抱琵琶、箜篌、芦笙和笛子的四位飞天仙女。砖殿顶上，建白塔五座；中间的一座较为高大，四角的四座较为矮小。五塔和砖殿，构成了一个巨大的金刚宝座塔形。这是我国古代纯砖结构建筑物中的一件杰作。

在寺内，有斯里兰卡赠送的剑齿象牙化石一枚。山门内，还有湖水清澈的明月池和鸣声悦耳的弹琴蛙。这些都是古今游人乐于观赏的古迹名胜。1946年，一场大火烧掉了除无梁砖殿之外的所有建筑。弥勒殿、般若殿、毗卢殿、巍峨殿、大雄殿等，都是以后陆续重建的。

普贤菩萨骑六牙白象的铜像，铸造于北宋太平兴国五年（980）。全象总高7.35米，重6.5吨。普贤菩萨坐在象背莲座上，头戴花冠，身披袈裟，胸挂璎珞，神态自然。白象脚踏莲花，舒尾卷鼻，一派远行姿态。这是万年寺中的又一件宝物。

贵阳弘福寺

弘福寺位于贵州省贵阳市西北郊约1.5千米的黔灵山上，主创僧为赤松和尚（1634～1706），于清康熙十一年（1672）所建。寺内殿宇巍峨，布局严谨，金碧辉煌的古建筑掩映于绿树浓阴中，分外雄伟壮丽、庄重肃穆。弘福寺是全国重点开放的寺观之一，也是全省最大的佛教丛林。

该寺有大雄宝殿、观音殿、玉佛殿、弥勒殿等可供瞻礼，并有石狮、石幢、铜宝鼎、铁鼎、钟鼓、幢幡宝盖、金字匾联等，设有法物流通处、素香斋、茶室。近年修复历任方丈灵骨塔10余座；新建贵州首座法华塔、开山祖师纪念塔、九龙浴佛石壁、钟鼓楼、天王殿、藏经楼、地藏殿、禅堂、斋堂、僧寮、尊客寮、方丈苑、碑廊等。寺内文物还有贴金佛像27尊，缅甸玉佛10余尊，《乾隆大藏经》、《中华大藏经》、《房山石经》各1部。

登临弘福寺之盘山古道"九曲径"（全径383级），沿途有"古佛洞"、"洗钵池"、"灵官亭"等古迹；有"多行好事广积阴功"、"虎"、"黔南第一山"、"正法眼藏"等摩崖石刻。

法华经塔矗立于前山门外右前方，塔为七级六面，高15米，奉藏《妙法莲华经》，塔上刻36佛及佛经摘录；塔后有《建塔因缘功德碑》。正对大门是九龙浴佛石壁，据传释迦牟尼佛诞生时九龙吐水为之沐浴。大山门上有赵朴初所题"弘福寺"、"南无阿弥陀佛"；董必武题"黔南第一山"。入门两侧有钟鼓楼，铜钟重1 500千克，铸于明成化五年(1469)。首重殿为天王殿，供奉弥勒佛及护法四大天殿，殿的南侧有《地藏经》碑刻，殿外侧两壁有巨幅绘画；二重殿为观音殿，供奉三十二臂观世音；第三重殿为大雄宝殿，供奉释迦牟尼、阿难、迦叶、文殊普贤及十八罗汉，均贴真金；墙上有佛陀画传。玉佛殿释迦牟尼玉佛为缅甸籍华尼宏慧法师请自仰光。坐像高1.5米，宽1.2米，重900千克，玉质优良，慈祥庄严。殿中还有弥勒、观音等玉雕10余尊。"放生池"旁有"曲尺亭"和长廊，亭前有樱花，春来繁花似锦。"双桂楼"前桂花绿阴如盖，入秋桂香四溢。寺后毗卢峰下有

塔林，为弘福寺历代祖师及僧人、居士的灵骨安藏处。

　　1983年，弘福寺被国务院确定为汉族地区佛教全国重点寺院。

昆明圆通寺

昆明圆通寺位于云南省昆明市城内。寺庙建筑富有江南园林特征，人称"水院佛寺"。元代的壁画和三世佛像以及明代的泥塑蟠龙，是圆通寺的文物珍品，具有很高的历史价值。

此寺始建于公元8～9世纪的唐代南诏时期，初名"补陀罗寺"。"补陀罗"、"普陀罗"，均是梵文的音译，所指的都是观音菩萨住地普陀珞伽山。因此，这里是我国较早的观音菩萨道场。元大德五年（1301）大修，改为今名。明代以后，进行过数次维修。1977年，又全面整修，使圆通寺的面貌焕然一新。

圆通寺坐北朝南，建筑前高后低，中心为放生池。池中有岛，岛上有亭。

岛岸之间，有石桥相通。池岸之上，回廊、亭榭环绕。其他殿堂、山石和花草树木，均以此处为中心展开。整个寺庙就是一座构思精巧的园林建筑。这在全国的所有佛教寺庙中，是独具一格的。

圆通寺的重要建筑有山门、圆通胜境牌楼、天王殿、弥勒殿（八角亭）和圆通宝殿，依次布列在中轴线上。配殿、僧舍，散布两旁。

弥勒殿，又称"八角亭"，是矗立在放生池岛上的一座两层八角的重檐亭式建筑物，高约10米。南北两侧，各有一座三孔汉白玉石桥，与池岸相通。碧水、花树与亭榭、廊庑互相映衬，使这里不但成了圆通寺的一组中心建筑，而且也成了一处布局得体的园林景区。这是佛寺建筑与园林建筑巧妙结合的一件杰作。

圆通宝殿，也叫"大雄宝殿"。殿中有元代留下的三尊三世佛像。殿内两侧，排列着12尊神像。三世佛神像前的两根立柱上，有明代留下的两条蟠龙泥塑像。墙上，有元代壁画《文殊待法图》残部。这些都是非常珍贵的文物。

圆通宝殿后，有数百米长的石壁。石壁之上，保留着许多古人刻写的诗文和题字。这是云南省一座重要的古代石刻艺术宝库。

小故事

传说过去有蛟龙潜伏在洞内，时常出来危害人们。寺里有个和尚认识岣嵝文，能诵大禹治水时留在云南的可降蛟龙的《岣嵝碑文》，便修筑咒蛟台，诵经降蛟，蛟患从此平息。这里当年有无咒蛟和尚说不准，但清乾隆年间，题大观楼长联的孙翁曾隐居于此地的一座小屋里，晚年更号"蛟台老人"。他取陶渊明诗"山气日夕佳，飞鸟相与还"之意，将所居小屋命名为"夕佳阁"，又称"壁立堂"。他以卖萝卜为生，常常"求百钱不可得，恒数日断炊"。一代名士，竟毕生郁郁都不得志。

湟中塔尔寺

塔尔寺位于距西宁市区西南25千米的湟中县鲁沙尔镇西南隅，是我国著名的藏传佛教寺院，是藏传佛教格鲁派创始人宗喀巴的诞生地，也是西北地区的佛教活动中心。该寺规模宏伟，最盛时有殿堂800多间，占地66万余平方米，是格鲁派著名的六大寺院之一（其余五寺为西藏的色拉寺、哲蚌寺、扎什伦布寺、甘丹寺和甘肃的拉卜楞寺），享有盛名。

塔尔寺在藏语中叫"拱本"，就是"10万佛像"的意思。始建于明嘉靖三十九年（1560），至今已有400多年的历史。塔尔寺依山势起伏，是由大金瓦寺、小金瓦寺、大经堂、大厨房、九间殿、大拉浪、如意宝塔、太平塔、菩提塔、过门塔等许多宫殿、经堂、佛塔组成的一个气势宏伟、藏汉艺术风格相结合的古建筑群。寺院殿宇相连，白塔林立，整座寺不仅造型独特，富于创造性，而且细部装饰也达到了高超的艺术水平。

塔尔寺最珍贵的圣物是在宗师诞生时剪脐带的滴血处（今大金瓦殿处），生出的一株树叶脉纹自然显现狮子吼佛像的旃檀树（菩提树）。菩提树根向四方延伸，如身之四肢展开，叶上显现狮子吼佛像及文殊七字心咒，此咒是大师慈云加被之果，是藏传佛教格鲁派的法流渊源。

塔尔寺是中华民族的珍贵文化遗产，它不仅以瑰丽壮观的建筑艺术闻名于世，而且是藏族文化艺术荟萃的宝库。琳琅满目的雕刻艺术和各种造型精美的佛像、法物圣器，或鎏金饰珠，或浑朴无华，不少是稀世珍宗。皇帝御赐和名人敬献的匾额也是重要文物，浩瀚的藏文古籍藏书是研究藏学的珍贵文献。被誉为塔尔寺"艺术三绝"的酥油花、壁画、堆绣更是藏族艺苑中的奇葩。

宗喀巴是藏传佛教格鲁派（俗称"黄教"）的创始人。法名罗桑札巴，意为"善慧"。元至正十七年（1357）出生于徨中县鲁沙尔镇（今青海湟中塔尔寺所在地）。宗喀巴三岁时拜饶贝多吉为师，受居士戒，从此开始了宗教生涯。宗喀巴对佛学的重要理论和各教派的教法都进行了反复钻研，着重在以显教教义结合密教修行的体验方面，融会贯通，形成自己的佛学思想体系。作为一代佛教大师，宗喀巴著有丰富的佛学著作。目前所见宗喀巴大师一生的著作就有170多卷。这些重要著作体现了宗喀巴对佛教的整体观点和他的佛学思想体系，为格鲁派奠定了理论基础。此后经过数代佛学志士的努力，格鲁派的影响遍及西藏、青海、甘肃、四川及云南，明代中期传播到蒙古地区，使格鲁派成为我国蒙藏地区藏传佛教的第一大教派。

小故事

相传黄教宗师宗喀巴出生时，他的母亲将胞衣埋在大金瓦寺正中的地方，数年后这里长出了一棵枝叶繁茂的菩提树，树上生出十万片叶子，每片叶子上现出一尊狮子吼佛像。他的母亲十分思念他，便托人把"菩提树"的消息转告他，并捎去一束白发，希望他回家团聚。当时宗喀巴正在拉萨专心于宗教学业，无心回家，便派一位弟子带去一幅自画像和佛狮咆哮图去探望亲人，捎话说，如果能在菩提树处建一座宝塔，就像自己回家省亲一样。母亲按照儿子的心愿，在菩提树旁建了一座小塔。后人又在小塔的基础上建造了一座高11米的大银塔，并以大银塔为中心扩建成一座寺院，命名为"塔尔寺"。现在大银塔内还存放着宗喀巴的一尊造像和生前遗物。

拉萨大昭寺

　　拉萨大昭寺位于西藏拉萨市中心的八角街，是汉藏两族同胞友好交往的历史见证。寺中的大殿具有汉藏两族和埃及的建筑风格。寺内的文物如唐番会盟碑、唐柳、《劝人种痘碑》等，都具有很高的历史价值。1961年，国务院将其列为全国重点文物保护单位。2000年，作为布达拉宫的扩大范围，大昭寺被联合国列入世界遗产名录。

　　此寺建成于公元648年，初名"惹刹"。公元642年，唐代文成公主抵达拉萨并与吐蕃赞普松赞干布完婚后，松赞干布便根据文成公主的意思，亲自选址，修建了这座寺庙。以后，西藏地方政府噶厦的办事机构，也设于寺内。寺的周围摊档云集，街市逐步形成，最后终于发展成为一座城市，这就是今日的拉萨。拉萨就是惹刹的转音。宋、元、明、清时期，人们对大昭寺不断增修或

扩建，使其规模日益扩大。清代，正式改名为"大昭寺"。20世纪80年代，政府拨款对大昭寺进行了全面维修，使古寺的面貌更为壮观。

坐东朝西的大昭寺，建筑面积达2万多平方米。主要建筑有大门、主殿、经堂和佛堂。此外，寺内还有僧人住房和原西藏地方政府的办公用房。

大昭寺的主殿，建筑雄伟。其飞檐、斗拱、藻井和横梁、立柱、门框上雕刻或彩绘的花草、禽兽、飞天等，都是唐、宋时期汉族建筑的典型特征。殿顶上装饰的法轮、宝瓶、小鹿，以及檐角下悬挂的小经板，这又是藏族建筑的显著特征。在两层屋檐之间有108尊狮身人面像，鼻子扁平，这又是古埃及的风格。因此，这座大殿是汉藏文化和中外文化交流的历史见证。

日喀则扎什伦布寺

扎什伦布寺坐落在西藏自治区第二大城日喀则市西南的尼色日山麓，是西藏地区两大宗教领袖之一班禅大师的住地，也是藏传佛教喇嘛教格鲁派的六大寺院之一。寺内保存着唐代青铜佛像、世界上最为高大的强巴（弥勒）佛铜像、一世达赖和历代班禅的灵塔，以及许许多多的壁画和珍贵文物。1961年，国务院将其列为全国重点文物保护单位。

此寺的最初名称叫做"康建曲批"，藏语的意思是"雪域兴佛"。后更名为"扎什伦布巴吉德钦却唐皆南巴杰娃林"，藏语的意思是"吉祥宏固资丰福聚殊胜诸方州"。"扎什伦布"是它的简称，意思是"吉祥须弥山"。

扎什伦布寺始建于明正统十二年（1447），是一世达赖喇嘛根敦朱巴为纪念他的经师西饶僧格而修建的。最初寺院规模不大，僧人数量也不多，后经历代班禅，特别是四世、五世、六世班禅的增修或扩建，使扎什伦布寺得到了很大的发展。现在，这座寺庙占地面积为18.2万平方米，建筑面积为30余万平方米，是著名的喇嘛教六大院之一，在全国的名寺中也榜上有名。

扎什伦布寺有脱桑林、夏孜、吉康和阿巴等四大扎仓（经学院），是僧众们学习显宗和密宗的地方。寺内的主要建筑有大经堂、汉佛堂、灵塔殿、强巴佛殿等。此外，还有密村（僧舍）、十世班禅夏宫德钦颇章和班禅堪布会议厅等建筑。寺外还有晒佛台。

大经堂，又名"措钦大殿"。全殿由48根立柱支撑，可容纳2 000人的聚会。殿内有一张精雕细刻、镶满珠玉的班禅宝座。堂北有正室，左右有佛殿，分别供奉着释迦牟尼佛、弥勒佛和度母像。这是寺僧举行宗教活动的场所。

高达30米的强巴佛殿，位于寺的西侧。殿中分层，有楼梯可通。殿内供着一尊强巴（弥勒）佛铜坐像，像高12.4米，莲花座高3.8米。据记载，铸造这尊佛像，用去黄金6 700两，黄铜231 750斤。这样高大的铜佛像，不但是全国之最，而且也是世界之最。

灵塔殿是扎什伦布寺的一座神圣殿堂，殿中保存着一世达赖喇嘛和历代班禅喇嘛的灵塔。其中，以四世班禅喇嘛的灵塔最为高大：塔高11米，塔身遍裹银皮。修建此塔时，用去黄金2 700余两，白银33 000多两，铜78 000多斤，珍珠、玛瑙、宝石7 000余颗。这是一件银光璀璨、光彩夺目的宝贵文物。

在汉佛堂的楼上，有清代故宫中的原作乾隆画像。在堂内，有唐代铸造的青铜佛像九尊。在寺中，还有元代留下的织品，明代留下的古瓷器，鲜艳夺目、难以数计的壁画和唐卡，以及古代的金、银、铜佛像、法器和供器。扎什伦布寺是一座珍藏丰富、价值很高的文物和艺术宝库，历来备受重视。

西安慈恩寺

慈恩寺位于陕西省西安市和平门外。寺内有闻名全国的唐代大雁塔和唐代石碑。

慈恩寺始建于唐贞观二十二年（648），是唐高宗李治做太子时，为追念母亲文德皇后而兴修的。那时，它是一座规模宏大、殿堂雄伟、装饰华丽的皇家寺院，后虽经不断维修，但损毁情况仍相当严重。现存慈恩寺的规模，仅为唐代慈恩寺的1/7。

大慈恩寺建在隋朝无漏寺旧址上。这里地处长安城南风景秀丽的晋昌坊，南望南山，北对大明宫含元殿，东南与风光明媚的曲江相望，西南和景色旖旎的杏园毗邻，正合太子"挟带林泉，各尽形胜"之意。大慈恩寺规模宏大，占地面积近为26万余平方米，有十多个院落，各式房舍1 897间，有许多能工巧匠为该寺塑造了精美佛像，唐代著名画家吴道子、尹琳、阎立本、王维等都在此留下了画作。

贞观十九年（645），西行求法的玄奘法师回到长安，在弘福寺主持翻译佛经，宣讲唯识宗等佛教教义，后由弘福寺移居大慈恩寺。大慈恩寺由此成为唯识宗（又称"法相宗"）祖庭。在此后的19年里，玄奘译经25部，计1 335卷。所译经籍，文义连贯，准确流畅，开辟了中国译经史上的新纪元。

大慈恩寺钟楼内悬明嘉靖二十七年（1548）铸大铁钟一口，重1.5万千克，钟上花纹、图案、文字皆清晰可见。鼓楼里架一面直径为2米的大鼓。寺内还藏有木刻佛像二尊，铜佛像二尊，六朝石刻菩萨像一尊，隋开皇年间石佛四面像一尊，唐朝青响石四大天王像佛座一块，唐朝青石莲花纹佛座一块（座上刻有"大唐龙朔二年三藏法师玄奘敬造释迦佛像供养"题记），唐汉白玉云纹佛座一块，唐朝八角形陀罗尼经幢一个。这些雕塑，刻工精湛，造型独特，多出于名匠之手，为佛教艺术珍品。寺内还存有碑刻

100余块，是研究佛教史、地方史和书法史的重要资料。

1983年，大慈恩寺被国务院确定为汉族地区佛教全国重点寺院。

银川海宝塔寺

　　海宝塔寺位于宁夏银川市北郊，俗称"北塔"。寺院坐西朝东，占地面积为1.8万平方米。海宝塔寺是一座有着1 500多年历史的古刹，它不仅是全国重点开放寺院，也是旅游观光的著名景点。院内绿树成阴，空气清新，环境优美；建筑红墙黄瓦，古朴典雅。主要建筑是海宝塔，它建在一个方形台基上，台高5.7米，边长19.2米。

　　塔门面东，两侧为暗道阶梯，沿之可直登塔座。这种富于变化的通道，反映了我国古代劳动人民高超的建筑艺术。海宝塔始建于后秦，大夏国赫连勃勃重修。1739年，海宝塔毁于地震。现存海宝塔是清乾隆四十三年（1778）重修的。塔身为楼阁式，全部使用青砖砌筑，共9层11级，通高53.9米，平面呈正方形，四壁出轩，即每层四面设券门的部分均向外突数十厘米，因而在正方形的平面上，又形成双线"十"

字形，构成12棱角；每层出轩部分两侧各设一龛，龛眉突出。所有这些，都增添了塔身的华丽和立体感。海宝塔寺这种整体造型在我国古塔建筑中别具一格。

其他建筑有山门、钟鼓楼、天王殿、大雄宝殿、玉佛殿和卧佛殿等。这些建筑排列在一条东西走向的中轴线上。

1949年后，人民政府对海宝塔寺的文物保护及寺院维修极为重视，党和国家领导人也曾来海宝塔寺参观。国家副主席董必武曾来海宝塔寺，留有题词，并亲手栽植松树留念。邓小平同志也曾来海宝塔寺参观过。每年的农历七月十五，为海宝塔寺传统的盂兰盆法会，届时广大佛教徒云集海宝塔寺，进行佛事活动。

1961年，海宝塔被国务院公布为全国重点文物保护单位。

鹿港龙山寺

台湾鹿港龙山寺位于台湾彰化县鹿港，是台湾省佛教寺院中现存年代最早而又最完整的佛寺之一。不仅规模宏大，而且艺术价值很高，已被列为一级古迹。台湾有两个龙山寺，均建于乾隆时期，另一处在台北艋舺，但寺院建筑为后代重修，历史及艺术价值已经远逊了。

鹿港龙山寺，创建于清乾隆五十一年(1786)。其后虽经嘉庆、道光、咸丰多次维修，但整个布局与形制均未改变，结构与雕饰也保存原状。整齐对称，坐东向西，中轴线上的主要建筑为山门、五门、戏台、拜亭、大殿、后殿等。中轴线的两侧有配殿廊庑，建筑数量甚多，进深很大。山门为重檐歇山式，进山门以后，是一铺石的宽阔庭院，气势甚是宏大。庭院正中为第二进大门，因其面宽五间所以又称为"五门"。门的屋顶形制隆重，居中三间屋顶高耸，两旁两间左右低下，构成高低起伏的形势。五门之后，建有戏台与之相连。戏台结构与形制复杂而又富于变化，面对正殿广场的一面，向上反翘卷起，以利用看戏者的视线。戏台之内有八卦形的藻井与天花，由16组斗拱，五级层层挑出承托而成，被称之为台湾古戏台的杰

作。正殿为重檐歇山式屋顶，其前有三开间空敞的拜亭为信众们礼佛祈拜用。殿内所供观音菩萨像其背光为纯形火焰，金身，是否为原物不得而知。后殿祀在日本侵占时期被火烧毁而重建，已非乾隆原物。

　　鹿港龙山寺被台湾古建筑专家们评为寺庙建筑之"第一佳构"，无论从建筑的平面布局还是木结构组合来说都有其独特的创意，戏台的结构尤有独到之处，其木、石雕刻艺术更是龙山寺建筑艺术的精品。鹿港在乾隆时期为台湾之港，砖木石材大都从内地运来，选材十分精良，工匠也来自内地福建等地，技艺高超。

伊斯兰建筑艺术

伊斯兰教建筑的起源

　　伊斯兰教于公元7世纪传入我国，在中国旧称"回教"、"清真教"、"天方教"等。

　　清真寺阿拉伯语称之为"麦斯吉德"，意即"礼拜地点"。世界上第一座清真寺是希吉莱历元年由先知穆罕默德在麦地那东南郊古巴邑地区所建，较为简陋，稍后在麦地那城正式建寺，即现在的"先知寺"。

　　史学家一般认为，伊斯兰教于7世纪中叶，即唐永徽二年（651），开始传入我国。具体传入路线有两条：一条是从大食(阿拉伯)经波斯(伊朗)经过新疆天山南北，穿河西走廊，沿丝绸之路到达内地长安和洛阳等地；另一条是从大食由波斯湾出发渡印度洋，绕马来半岛到达我国东南沿海广州和泉州等港口城市，沿"海上丝绸之路"而来。在唐、宋王朝的许可下，伊斯兰教徒生活在广州、扬州、泉州、杭州和长安、开封、洛阳等地，被称为"蕃客"。他们按照自己的信仰和风俗习惯过着平静的生活，不少人久居不归，并与当地居民通婚，繁衍后代，逐渐形成了早期中国穆斯林群体，在那里兴建清真寺和墓地，如创建于唐代的广州怀圣寺。虽然广州怀圣寺的具体建筑年代尚待确证，但被公认为

是中国最早的清真寺，现寺内光塔(邦克楼)仍为原来的风貌，完全是阿拉伯建筑的样式。这一时期在历史上被称为"蕃坊时期"。

在元代，随着穆斯林的大批东迁，其宗教场所也日渐增多，"礼拜寺"成为元代人对清真寺的普遍称呼。

"寺"是直接应用当时人们对各宗教建筑的称呼，以"清真"命名中国伊斯兰教寺院始于明代。朱元璋建立政权后，对诸宗教均持褒扬态度，朱元璋于洪武元年（1368）所做颂扬伊斯兰教先知穆罕默德的《御制至圣百字赞》中，有"降邪归一，教名清真"句。明、清之际的回族学者对"清真"一词加以纯伊斯兰式阐释："清"指真主清静无染、不拘方位、无所始终；"真"为真主至尊独一、永恒长存、无所比拟。以后，"清真寺"和"礼拜寺"之名并用，而清真寺之称更为普遍。

宋代清真寺建筑遗存不多，泉州清净寺仍为完全的阿拉伯式寺院建筑。

元朝时中亚、西亚各族穆斯林商人大批来华，今天我国东南沿海的主要城市和西安、北京以及京杭大运河沿岸，仍保存有许多那个时期遗留下来的古老的清真寺和穆斯林先民的墓地。在政治、经济、文化和婚姻等因素的影响下，元代蒙古族、汉族和维吾尔族人归信伊斯兰教的人不在少数。史料证明，元朝时伊斯兰教在中国已经形成相当的规模，信仰伊斯兰教的穆斯林群体也已形成，以清真寺为中心的穆斯林聚居区已出现在广大的城市和乡村，中国伊斯兰教的模式也基本确立。

清真寺建筑的发展

中国清真寺的规模性修建和普遍化是在宋代，而清真寺形制的逐渐变化标

志着中国对伊斯兰教文化的民族解构、理解、重组和出新，并具有明确的发展阶段和民族特征。

在全世界，由于各地文化、地域以及建筑风格的差异形成了清真寺建筑的千姿百态，它们反映出不同的社会文化和地方色彩。就我国的清真寺建筑来说，其发展便出现了三个不同的阶段。

①早期、大约盛唐到元代，清真寺建筑大多用砖石砌筑，其平面布局、外观造型和细部处理基本上都是阿拉伯——伊斯兰模式。

②从明初至鸦片战争以前，清真寺建筑便又趋向于中国的传统建筑形态，即转向木结构的殿堂寺字型制，在大殿建筑中大量采用后窑殿并以无梁殿为基特点，唤礼塔亦趋于楼阁化或者消失，其他如色彩、雕饰、建筑小品等也都表现出浓重的中国传统建筑的特色。

③到了近代，由于西方建筑技术的传入，一些新建的清真寺为钢混结构，并出现了混合功能的楼层式型制。

中国清真寺建筑既采用伊斯兰教建筑向西崇拜的方位格式，又遵照中国传统的四合院形制，沿中轴线有次序的对称布局。既不违反伊斯兰教基本教义，又使每一进院落都有自己民族独具的功能和艺术特色。

中国清真寺与阿拉伯风格的清真寺明显不同之处，是具有强烈的阿拉伯尖塔式建筑特点的砖砌邦克楼被我国传统的楼阁式木构建筑形制所取代，中国传统的大殿建筑取代阿拉伯的圆形穹隆大殿。

中国几千年的"农业文明"创造出的"安居乐业"的守恒性思维，在建筑上表现出"与江山同在，与自然同乐"的风格：在寺庙建筑中贯穿"现实"态度和"世俗"精神，如养花种树、设炉置香、立碑悬匾、堆石叠翠、掘池架桥等。

无论是内地还是新疆、宁夏、青海地区的伊斯兰教建筑，其建筑形式、装饰都具有中西合璧的特色，既符合阿拉伯伊斯兰教教义，又充分表现出中国传统文化。

北京牛街清真寺

牛街清真寺位于北京市宣武区牛街，是北京规模最大、历史最悠久的清真寺。始建于北宋至道二年（996），即辽统和十四年。明、清、民国共8次修缮扩建，1955年、1970～1980年又进行过两次彻底整修。寺院为中国宫殿式建筑，建筑集中对称，别具一格，主要建筑有礼拜殿、邦克楼、望月楼、碑亭等。内部装修带有浓厚的伊斯兰教建筑风格，总建筑面积为1 500平方米。寺院对面为一座长40米的汉白玉底座灰砖影壁。寺有5门，中大边小，前有朱漆木栅。正门在望月楼下，楼高10米，为六角形双层亭式楼阁。由便门进入两层院落，正西为礼拜大殿，五楹三进七层共42间，可容千人礼拜。殿内明柱组成仿阿拉伯式尖形拱门，有贴金的赞真主、赞古兰经文，天花板约0.5平方米，也饰以图案和阿拉伯文赞词。窑殿为六角攒尖亭式建筑，两侧饰以阿拉伯文库法体的镂空木雕窗棂。大殿正东为邦克楼，楼前月台上有日晷和两座碑亭，碑文记载了礼拜寺修建的经过。寺内东南小院有两座筛海坟，据碑文载，为宋末元初来华讲学的麦地那额鲁人穆罕默德·本·艾哈默德和布哈拉人阿里，他俩分别病逝于元至元十七年（1280）和元至元二十年（1283）。寺内还藏有《古兰经》阿波文对照手抄本、木刻和明清香炉等珍贵文物。

该寺现为国务院重点文物保护单位。

杭州真教寺

　　杭州真教寺，又名"凤凰寺"，俗称"礼拜寺"，位于浙江省杭州市中山中路。清道光五年（1825），因寺院建筑群状似凤凰，即立匾"凤凰寺"，沿用至今。该寺与泉州清净寺、广州怀圣寺合称中国沿海伊斯兰教三大古寺。据传，杭州真教寺创建于唐代。寺内原存刻有阿拉伯文《古兰经》经句的方砖上还有"宋杭州定造京砖"戳记，说明南宋时已建此寺。元延祐年间，西域富商回回大师阿老丁以巨资重修。明、清以来，三次重修，规模为现在的一倍。正门临羊坝头，为盛唐时通海筑坝的遗迹。现正门为砖石窑门式建筑，正面是五间礼堂，原为明代礼拜大殿，后因殿身倾斜，1953年由政府拨款新建混凝土框架结构，原窑殿改作礼拜大殿，拱顶，无梁架，故称"砖砌无梁殿"，系宋代遗物。"米哈拉布"凹壁为木雕，刻满《古兰经》文。存有经香台和柱础石，也属宋代遗物。寺内存有阿拉伯文碑11块。

　　杭州真教寺为全国重点文物保护单位。

泉州清净寺

泉州清净寺，又名"麒麟寺"，位于福建省泉州市通淮街。据现存寺内阿文石刻记载，寺始建于北宋大中祥符二年（1009）。元至大三年（1310）留居泉州的波斯(今伊朗南海岸）设拉子城穆斯林富商哈吉·穆罕默德·古德西重修和扩建。后经多次重修整饰，寺院呈方形，占地约2 500平方米。主要遗迹有尖拱大门、奉天坛(礼拜大殿）、望月台、宣礼塔、洗心亭(水房）和

讲经堂等。整个建筑为石质结构，是国内唯一的石质清真寺。寺门在南，高20米，由青绿色花岗石砌成，由4个圆形穹顶尖拱门构成外、中、内三重。寺院大门内壁砌有87个大型尖拱状，连同三重12座尖拱门，全寺共有99个大、小尖拱，喻作《古兰经》赞颂安拉的99个美名。大门顶部是望月台，四角树有阿拉伯式尖塔。礼拜殿以长条石砌筑，殿内西墙为"米哈拉布"，饰《古兰经》文浮雕。寺内有一眼北宋时挖掘的古井，至今水质清澈、久旱不涸，为穆斯林净身用。现寺内设泉州伊斯兰教史迹陈列室，有明成祖于永乐五年（1407）颁发的保护清净寺及伊斯兰教的石刻《上谕》一方。

泉州清净寺在1961年被列为全国重点文物保护单位，为我国现存最早的古伊斯兰清真寺之一。

广州怀圣寺

　　位于广州光塔路的广州怀圣寺，原俗称"狮子寺"，又名"光塔寺"，始建于唐贞观元年（627），是中国最早建成的伊斯兰教清真寺之一，与泉州清净寺、杭州真教寺(俗称"凤凰寺"）、扬州礼拜寺并称为中国伊斯兰教东南地区的四大古寺。又有一说为：怀圣寺与泉州的清净寺、杭州的凤凰寺并称中国沿海三大清真古寺。实心圆柱形砖的光塔是怀圣寺内最负盛名的建筑，高36.3米，形似城堡，"望之如银笔"。寺内还有看月楼、水房、东西长廊、礼拜殿。怀圣寺不仅是伊斯兰教徒举行宗教活动的场所，也是研究我国海外交通史、建筑史与伊斯兰宗教史的重要古迹。它还是我国和伊斯兰教国家人民友好往来的历史见证。

西宁东关清真大寺

　　西宁东关清真大寺位于青海西宁东关大街，俗称"东关大寺"。据碑文记载，该寺始建于明洪武十三年（1380），后经三次拆除重修，1914年和1947年两次扩地重建，才具有现在的规模。寺院占地13 600平方米，建筑总面积为4 600平方米，为我国现存最大的伊斯兰教寺院之一。寺院正门由三扇绿色大门组成，即"前三门"，门楣有"西宁东关清真大寺"金字匾额。拾级而上为五个卷洞平顶拱门，即"中五门"，入内为4 490平方米的广场大院，俗称"东关寺广场"。礼拜大殿位于广场西端2米高的石基上。大殿仿明朝金銮殿，彩色琉璃瓦，殿脊有三座藏式镏金宝瓶，为甘肃拉卜楞寺喇嘛捐送。殿内巨柱上斗拱为如意斜拱，斗拱和额枋均为"蓝点金"，为国内所罕见。卷棚内砖雕系我国砖雕艺术的珍品。闵拜楼（宣教台）式样新颖，为座椅状。

同心清真大寺

　　同心清真大寺位于宁夏回族自治区同心县以南，始建年代不详。明万历年间（1573～1600）进行第一次维修，清乾隆五十六年（1791）、光绪三十三年（1907）及1944年均曾维修。寺院门前为砖砌照壁，大门西向，三道砖箍门洞。通过甬道转入内院，左右为南北讲堂，正西是礼拜大殿。大殿为中国宫殿式建筑，大殿东面为两层方亭式宣礼楼。1936年10月20日，中国工农红军西征，解放了同心地区，在这座寺内成立了全国第一个县级回族自治政府——陕甘宁省豫海县回民自治政府。1982～1985年自治区政府先后拨款61万元，对该寺建筑进行了彻底维修。

　　同心清真大寺在1958年被列为自治区重点文物保护单位。

喀什艾提尕尔清真寺

喀什艾提尕尔清真寺位于新疆喀什市中心艾提尕尔广场。该寺始建于明正统七年（1442），清乾隆五十二年（1787）、嘉靖十四年（1809）、道光十九年（1839）及同治十二年（1873）五次修整扩建，始具现今规模。寺院建筑由大门、塔楼、经学院及礼拜殿组成，是我国现存最大的清真寺。

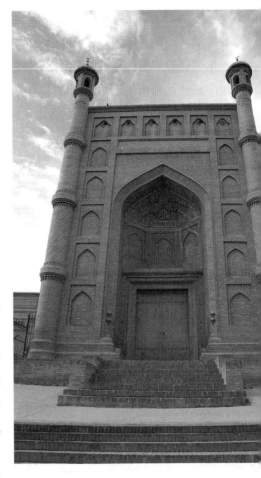

该寺系阿拉伯式建筑，大门两侧屹立着两座10米多高的邦克塔楼，全寺主要由经学院及礼拜殿组成。主体建筑礼拜殿面阔三十八间，可同时容纳8 000多名穆斯林礼拜，为国内罕见。礼拜大殿分内殿和外殿，内殿系砖木结构，平顶密梁，正西为尖拱式凹壁和桥式闵拜楼（宣教楼）；外殿为南、北、东三面柱廊，天棚有彩绘藻井。整个寺院布局造型具有维吾尔族古建筑的艺术风格。这里也是新疆伊斯兰教最高学府所在地，经学院位于寺院前部，可容纳400名学生住读。南疆各地和国外的宗教人士常来这里学习，研讨经学。

新疆库车大寺

　　新疆库车大寺是库车主要的一个大寺院，寺院为平面方形，四角各建一个塔楼。塔楼细而高，分为四段，如同四层，最顶部建有一个小楼阁，四面开窗，人们进入其中可以向外窥视，远近景物均可纳入眼帘。大门为木板门，正方形。外墙面均做假龛，共16个。新疆伊斯兰教常常运用假龛，例如喀什艾提尕尔大寺的大门左右及上部做15个假龛。两个塔楼相配，起到壮大气势的效果。正门龛面在尖心券内部分15个不同的块状，中间都做花纹图案，也为假龛。在其旁侧建设大的礼拜殿，整个建筑为土黄色调砖，色彩非常谐和。此寺没有一棵树，没有一点绿色。

庙祠建筑艺术

庙祠建筑的起源

《礼记·曲礼》说："君子将营宫室，宗庙为先，厩库为次，居室为后。"可见中国是将庙祠建筑放在首要位置，甚至皇家宫殿都形成"左祖右社"的建筑布局，将祖宗置于社稷(国) 之上，以强化中国"宗法血缘"礼义的家天下文化传统。中国庙祠祭祀文化包括皇家太庙祭祀、臣民宗庙、祖庙祭祀和先圣、神灵祠庙祭祀等。民间一般统称的"寺庙"其实是两个概念，不能混淆。庙，是中国古代的宗法礼制性的建筑；寺，是佛教建筑，所以真正意义的庙里没有和尚，只有庙祝(管理守护庙的人) 。把寺叫做"庙"，只不过是从俗称而已。

庙祠等祭祀建筑，在早期称"明堂建筑"。西安半坡村的新石器文化遗存中，发现了正方形的"大房子"遗址。从遗址准确的南北方位、整齐的柱网排列和巨大的空间推测，应当是部落集会和祭祀的场所，即早期的"明堂建筑"。商周时期，非常重视祭祀，把祭祀场所叫"畴"，是祭祀黄、青、赤、白四帝的有屋顶的殿宇。

岐山凤雏西周宗庙基址，位于岐山县东北的凤雏村内，坐北朝南，整个基址以中轴线对称，布局规整，层次分明，结构严谨，由影壁、门堂、中院、前堂、东西小院及过廊、后室、东西厢房组成(后来的传统建筑布局，与其基本相似) 。前堂是主体建筑，建于高台

基之上，其台基比周围房屋台基高出0.3~0.4米，显示其独特的地位。柱洞排列整齐，南北四行，东西七列，柱础石为自然石块，面平且大。前堂面阔六间，进深三间，前廊有擎檐柱。后室五间，东西排列。东西厢房各八间，南北排列，左右对称。

陕西省西安市西北阎庄发掘的王莽宗庙遗址，共有12座方形的台榭建筑，呈十字轴线对称，是围绕中心夯土台建造厅堂的多层集团式台榭建筑。12座建筑中有11座建于方形的围墙之中(围墙周长5 600米)，另一座在围墙南墙正中，建筑面积比围墙内的单个建筑约大一倍。围墙内的建筑外面各有围墙。正中是一座方土台，四角各有一座方形角墩，角墩之间的正中是堂和夹室，夹室外端有曲尺形走廊，四周以卵石铺地。从考古发掘来看，这些台榭建筑都用密实的夯土作为基座，夯实以后挖好柱洞，安放石柱础。夯土台壁外砌土坯砖夹墙，木柱嵌入墙内，柱子大多为方形，圆形用于主要厅堂中，厅堂地面铺设方砖，其他屋内地面在细泥上刷土朱，屋顶用筒板瓦。

庙祠，一般可以分为古代帝王皇族的家庙(太庙)、古代诸侯的祖庙(宗庙)与黎民百姓祭祀祖先的宗祠，现在基本将宗庙与宗祠祭祀合称为宗庙祭祀。庙祠是古建筑中占有相当重要地位的建筑，古代无论是统治阶级还是平民百姓都十分重视宗庙的营建。庙祠祭祀，既是王权统治的一个精神支柱，也是中国世俗社会"祖先崇拜"、"先圣敬重"和宗法血缘政治在建筑中的特殊体现。

据文献记载，最晚在夏代就出现了专门的宗庙建筑，因记载较少而无法知其详细，只知夏、商、周时宗庙已赫然位于都城的中心，是当时规格最高、规模最大的建筑，同时也是形制最复杂、布局最严整、装饰最奢华的建筑。中国古代祠庙建筑的形式基本相同，不同之处主要体现在平面关系上的格局，早期的祠庙，一般比较简单，为一间或多间的单体建筑。

庙祠建筑的发展特征

中国庙祠建筑历史起源很早，通过发掘总结，可以概括出以下发展特征。

西安半坡、临潼姜寨及秦安大地湾等仰韶文化建筑的"大房子"，是中国古代最早且具有真正建筑意义的祭祀建筑，成为最早的"明堂建筑"。大房子采用半地穴式的建筑形式，每个房子的方位相同，面积一般近200平方米，房子中间是四根粗大的木柱，四周立有相对较小的柱子，以四角最为密集。建筑形制讲究方位（正向的南北向）和次序这两大祭祀要素。建筑呈"井"字形，为十字轴线对称结构。

商代，明堂建筑又称"辟雍"，发展为周围环绕圆形水渠的十字轴线对称建筑，用"井"字形分隔相邻为九、间隔为五的空间模式。蔡邕的《明堂月令论》说："取其宗祀之貌，则曰清庙；取其正室之貌，则曰太庙；取其向明，则曰明堂；取其四门之学，则曰太学；取其四面环水，圆如璧，则曰辟雍，异名而同实，其实一也。"辟雍是商周时期最高等级的礼制建筑，也是象征王权的建筑，诸侯在明堂中朝见天子。天子则在明堂颁布政令，宣讲礼法，祭祀祖先和天地。

春秋战国时期，"礼崩乐坏"，商时期形成的明堂形式建筑势微。

汉代，尤其是东汉因儒学的神圣，明堂作为体现其宇宙观、政治观、宗教观被重新重视，并变周祭祀四帝为五帝（加一黑帝）。东汉的明堂建筑对称性很强，中心极点尤为突出，借以强调皇权的绝对权威和儒学的唯一正统，并融会了阴阳、八卦、五行等内容，增添了神学的象征涵义。如太室方形，属阴，为"地"的象征；屋顶圆形，属阳，为"天"的象征。

北京明清太庙

　　北京明清太庙，遵循和继承"敬天法祖"的传统礼制，建筑于紫禁城的东边，与西边的社稷坛一左一右，形成"左祖右社"的帝王都城设计格局，占地约16.5万平方米。太庙本身由高达9米的厚墙垣包绕，封闭性很强。它始建于明永乐十八年(1420)，是明初皇家合祀祖先的地方。到了明代中期，嘉靖皇帝改变了太庙合祀的制度，于嘉靖十四年(1535)把太庙一分为九，建立九座庙分祭历代祖先。嘉靖二十年(1541)，其中八座庙遭雷火击毁，皇帝和大臣们认为这是祖先不愿分开，通过上天来警示他们。于是，在4年后重建太庙，恢复了同堂

异室的合祀制度。太庙坐北朝南，平面呈南北向长方形，正门在南，四周有围墙三重，以三个封闭式院落组成，主要建筑集中于第二层院落中，由南向北依次排列在中轴线上，古朴典雅。太庙南墙正中辟券门三道，用琉璃镶贴，下为白石须弥座，凸出墙面，线脚丰富，色彩鲜明，与平直单一的长墙形成强烈对比，十分突出。入门有小河，建小桥五座。再北为太庙戟门，五间单檐庑殿，屋顶平缓，翼角舒展，为明代规制。入戟门为广庭，正殿稳稳坐在三层汉白玉须弥座上，重檐庑殿顶，黄色琉璃瓦。明时太庙正殿面阔为九开间，后殿为五间；清乾隆正殿扩为十一间，后殿扩为九间，形成今天的规模。大殿梁柱外面用沉香木包裹，其他构件用金丝楠木，明间与次间的殿顶不用彩画装饰，全部贴赤金花，地面铺金砖(用苏州土经六道工序烧130天、再放于桐油里浸泡，因断之无孔，击之有金属声而得名)。殿内用黄色檀香木粉涂饰，气味芬芳，色调淡雅。牌位以西为上，按左昭右穆的次序摆设历代帝王神位，东庑十五间配殿供奉有功的皇室人员神位，西庑十五间配殿供奉异姓功臣的神位。中殿(又叫"寝宫")殿内设置神龛，是供奉历代帝后的殿堂；寝宫以北，用墙垣隔出一区为后殿(又称"祧庙")，专为供奉追封立国前的四代帝、后神主牌位。太庙中闻名于世的古柏在外层围墙间排列成行，与整个太庙建筑风格极其和谐，展现出中国传统文化那种凝重感和威严感，让朝拜祭祀者在祖先面前肃然起敬。

解州关帝庙

解州关帝庙位于山西省运城市解州镇西关。解州东南10千米处的常平村是三国蜀将关羽的原籍，故解州关帝庙为武庙之祖。

解州关帝庙创建于隋开皇九年（589），宋、明时曾扩建和重修，清康熙四十一年(1702)毁于火，后经十余年修复。

现庙坐北朝南，面积为1.8万多平方米，庙内外古柏苍翠。平面布局分南北两部分。南为结义园(为纪念刘备、关羽、张飞涿州结义而建)，由牌坊、君子亭、三义阁、假山等组成，亭内有线刻结义图案一方。四周桃林繁茂，大有三结义的桃园风趣。北部为正庙，分前后两院。前院以端门、雉门、午门、御书楼、崇宁殿为中轴，两侧配以石坊、木坊、钟鼓楼、崇圣寺、胡公祠、碑亭、钟亭等；后院以"气肃千秋"牌坊为屏障，春秋楼为中心，刀楼、印楼为两翼，气势雄伟。前后院自成格局，但又是一个统一的整体。前后有廊屋百余间，形成左右对峙而又以中轴线为主体的我国古建筑传统风格。建筑布局严谨，规模完整，以春秋楼和崇宁殿最为精致。

晋祠

晋祠位于山西省太原市西南25千米处的悬瓮山麓，晋水源头，有一片古建园林，统称"晋祠"。

晋祠始建于北魏，是为纪念周武王次子叔虞而建。这里殿宇、亭台、楼阁、桥树相互映衬，山环水绕，文物荟萃，古木参天，是一处风景十分优美的古建园林，被誉为山西的"小江南"。它也是一处国家少有的大型祠堂式古典园林，尤其是圣母殿、侍女像、鱼沼飞梁、难老泉等景点是晋祠风景区的精华。祠内的周柏、难老泉、宋塑侍女像被誉为"晋祠三绝"，具有很高的历史价值、科学价值和艺术价值。晋祠为国家重点文物保护单位，是华夏文化的一颗璀璨明珠。

圣母殿在晋祠中轴线的最后隅，前临鱼沼，后拥危峰，雄伟壮观，建于北宋天圣年间。殿前廊柱上有木雕盘龙八条，传说为宋代遗物。四周围廊，为中国现存最早的木结构建筑之一。在圣母殿里围绕着邑姜凤冠霞帔的坐像，有44尊侍女塑像，据说是宋朝的作品。塑像塑得精致、细腻，栩栩如生。侍从手中各有所奉，为宫廷生活写照。圣母殿是国内规模较大的一座宋代建筑。

鱼沼飞梁在晋祠圣母殿前，北宋时与圣母殿同建。平面呈十字形，四周有勾栏围护可凭依。

难老泉源于悬瓮山麓，是晋水的主要源头。流水永远不停，雨涝不增，天旱不减，水微温。

周柏长在一个偏僻、安静的角落，相传这棵柏树为周初所植。

绩溪胡氏大宗祠

　　胡氏大宗祠建在安徽绩溪县龙川大坑口，东为崇龙山峰，西边是鸡冠峰，还有龙须山、龙川山、龙峰书院、龙峰禅寺，有"龙凤绣球、珍珠宝地"之称。在明代嘉靖年间，胡家人在这里选地，选择房场，建设胡氏家园，同时建造胡氏大宗祠。其后，对大宗祠不断维修、改建、重建，各式房屋也不断更新，一直延续到今天，已近600年。

　　大宗祠以中轴贯穿，左右对称，从前至后由影壁、放生池、露台、大门楼、庭院、庙宇、亨堂、厢房、寝楼及特祭祠共10部分组成，整个祠堂至今还保持明代建筑风格及徽派艺术雕刻手法。大宗祠占地1700平方米，从南到北长84米，前边建有大影壁，为一高两低式雁翅影壁，上部起脊，涂白色。第一进为五凤楼，在最前端用中轴线贯穿全祠。五凤楼为大门楼，高达10米，平面七间、五明二暗，当中五间，自檐口下都做小面方形石柱，以防立柱腐烂。柱头斗拱冠以五根大月梁，月梁是按规矩做法制作的。月梁之上施斗拱，拱上再施平枋，再用斗拱挑檐。屋顶瓦檐做得很薄，明间上出现一个高大的歇山顶，两次间各做半个歇山顶，两尽间与梢间各做双坡顶，两个侧面再用一高两低式防火山墙。大门里设屏门，屏门顶上挂一块匾，上书"江南第一祠"。第二进为大堂七大

间，明柱及梁架做"彻上明造"，全部裸露，从内部能看到木构梁架的全部面貌。第三进为寝堂七间，前后院东西两侧都有厢房。

在大堂檐下挂有"世恩堂"，即胡氏家族之堂名。大堂建筑实际是一组大厅堂，是宗祠内的主要建筑。大堂之内的立柱用硬木大柱，大柱林立，除下部45厘米的石础之外，木柱笔直。纵横架均用大月梁，月梁之上的梁枋全用直斗，山面用圆护斗承托瓜柱，只在廊子月梁之上仍用圆护斗承瓜柱，瓜柱之间又用三个小月梁，再用大斗支承刻花卷脊，它与骆驼橼子有同样曲度，上铺望砖。胡氏大宗祠内各种殿堂，屋顶都不用屋面板而用壁砖，为磨砖对缝砌，加工细致，砖缝再勾白灰。这种做法可使屋顶不易透水。

大堂的立柱、梁枋以及各种构件均用大料本色，不加涂油漆。大堂二层楼在一层出檐之上，做檐箱及栏杆，栏杆精巧挑出，不安门窗，使二楼内外通透。上檐木橼、木飞檐俱在。

大堂规制既严格又壮阔，雍容华贵，无偷工减料的做法。从下列几点来看，胡氏大宗祠真不愧为"江南第一祠"：①有多种木雕；②艺术精湛；③布局巧妙；④内涵丰富、规模庞大；⑤装饰华美。

除此以外，胡氏大宗祠还表现出"坐北面南、四面环山、巧妙布局、中轴贯穿、殿宇开阔，从低到高、步步升级、鳌鱼展翅、粉墙黛瓦、绿水青山"的特点，是一部人工与自然景观结合极佳的艺术作品。

大宗祠的五凤楼正梁，雕刻"九狮滚球遍地锦"，次梁雕刻"九龙戏珠满天星"，还做有22幅以"鹿"字为中心的百鹿图，精雕的松柏翠竹、花虫飞鸟，画面有鹿，千姿百态、栩栩如生。鹿者禄也，寓意"欢庆天伦，人间福禄，百家和睦"。

山东曲阜孔庙

山东曲阜的孔庙是我国规模最大、建筑最早、保存最完整的孔庙，也是我国四大古建筑群之一。孔庙内宫殿式主体建筑——大成殿与故宫太和殿、泰山天贶殿并称为"东方三大殿"。它始建于春秋时期，唐代称"文宣王殿"，宋徽宗赵佶尊崇孔子为"集古圣先贤之大成"，更名"大成殿"，并御书匾额。孔庙经历代扩建重修，形成今天占地300多亩，成左、中、右三路布局，由五殿、两堂、两庑、一阁、一祠、一坛、十五碑亭、五十三门坊、九个院落四百六十六个房间组成庞大的建筑群体。整个建筑以中轴线贯穿，布局严谨，左右对称，高低错落，气势恢弘。从四柱三门、四块石鼓抱住八角石柱、顶部是莲花形座、上蹲王公府第才配有的独角奇兽——辟邪的"金声玉振"坊进入，过棂星门、大成门才能到大成殿。殿前甬道中间有一方形建筑，是孔子讲学的"杏坛"。杏坛后的大成殿为宫廷式建筑，坐落在2米多高的巨型须弥座石台基上，面阔九间，进深五间，重檐九脊歇山顶，黄琉璃瓦，飞檐斗拱，画栋雕梁，巍峨宏丽，形态庄严。檐下共有垫以覆盆莲花宝座柱础的28根云龙石柱，前面10根高约6米，直径不足1米。由整块石头深浮雕的云龙柱落在覆盆莲瓣式柱础上，每根石柱上二龙戏珠下托山海波涛的盘龙隐现于云雾中，栩栩如生。两廊檐和后檐的18根水磨浅雕八棱形石柱每面雕出9条共72条团龙，各具神态。大殿石柱上共有龙1 316条，数量之多、雕刻之精世所罕见，连紫禁城也不可与之相比——可谓"虽无帝王之位，自有帝王之相；虽无皇权之威，却呈皇家之气"。殿内正中悬"至圣先师"横匾，神龛内供孔子脱胎塑像，两旁为四

配(颜回、曾参、孔饭、孟轲)、十二哲(闵子骞、仲弓、子贡、子路、子夏、有若、冉耕、宰予、冉求、子游、子张、朱熹)塑像。大成殿前东西两庑，原供奉孔门弟子及儒家历代先贤，现已辟为汉魏六朝碑刻、《玉虹楼法帖》石刻和汉画像石陈列室。

孔庙大成殿前还有一宽阔平台，是祭孔时的"祭舞"之所，每次祭祀，平台上"轩悬之乐"、"六佾之舞"徐徐展开，乐音袅袅，庄严肃穆，气象轩然。台下铺陈石雕螭首，周围筑有双层汉白玉雕栏，并有复道四通。曲阜孔庙建筑特别值得一提的是奎文阁(奎星是二十八星宿中专主文章的星宿)，其面七进五，上下两层，中间暗藏夹层，上层藏历代帝王赏赐的经书、墨宝，下层收藏历代帝王祭祀时所用的物品，暗层专门存放藏经经板。阁楼建筑工艺奇巧，结构独特。

泰安岱庙

在山东省泰安市有一座岱庙，规模庞大，形制古老，建在泰山南麓。在岱庙建成后，皇帝在泰山封禅，并在岱庙里居住并举行了大型祭典，这使它成为泰山的主要庙宇。

唐开元年间，李隆基曾封泰山山神为"天齐王"。岱庙自从金代开始，一直到元、明、清代，屡建屡毁。现存的建筑多是清康熙三十五年（1696）重建的。

现存的建筑有邀参亭、正阳门、配天门、仁安门、天贶殿、寝宫、厚载门等。岱庙所建宫城大致为矩形，南北长405米、东西宽236米，全庙总体布局以中轴、东轴、西轴三轴贯穿，主要的建筑都在中轴线上。

邀参亭以南山门、仪门、正殿、北门为中轴；东西有厢房、配殿。正殿为其主要建筑，面阔五间、进深三间。

正阳门是岱庙的南门，下为城墙，有三个门洞，平顶用叉柱造，上部做五凤楼，面阔五间、进深三间，上覆单檐歇山式顶。

配天门为岱庙的二门，尺度为面阔五间、进深两间，为八架椽。

仁安门为岱庙的第三道门，尺度为面阔五间、进深两间，这两个门建在高台基之上。

天贶殿是庙中主要建筑，也是庙中的主体建筑，它是东岳大帝的神宫。其金柱和檐柱都比老檐柱粗。下檐斗拱做七踩单翘重昂，做重檐庑殿顶。殿内用五柱六架梁，中心部位设藻井。此殿月台广，雕栏环抱。

后寝正中为中宫，东、西有配宫，中宫面阔五间、进深两间，单檐歇山式顶，平面柱网为金箱斗底槽式结构，斗拱做五踩重昂。

登封中岳庙

登封中岳庙建在河南登封县城之东嵩山黄盖峰的前端，从郑州赴登封大道的北侧。此庙选址于黄盖峰下的一个慢坡，坐北朝南，布局整齐，殿宇排列浩浩荡荡，气魄雄伟。

在庙城前端砌出圆形墙，包围门前陪衬空间。大门前建有两座碑楼，进而为一高两低式砖坊，叫"中华门"。再进为遥参亭，为八角形重檐式。这些建筑构成大门的前端景物。

中岳庙大门即天中阁。门为三孔洞券门，上覆歇山重檐顶，绿色琉璃瓦；两侧有梯道可登，阁上四周砌出1米多高的女儿墙。进去后便是三楼牌坊，建在台基之上，人们进入可绕坊而进。由此前行即到崇圣门，门内又有化三门，平面五

开间，做三间软式木隔扇、二间硬砖墙，檐部排列一片窗子，上覆歇山式顶。

从此再向北为峻极门三间，东西各一间配门，门内铸铁人，这是宋代原作。从此可入东华门、西华门及东西廊房。

再向北进入牌坊、东西八角碑亭。前端为四岳殿的大台基，因为四岳殿已毁，这时再进入即中岳庙里最大的殿，为正大殿。它平面七大间，重檐庑殿顶，没有廊子。这个正殿做得十分高大，在中岳庙中是首屈一指的。再进入即至寝殿，也叫"寝宫"，它单独占一个院子，前边有一门洞可以进入，四周有廊墙包围。

最后一个殿座名为"御书楼"，是一座用砖建造的无梁式殿，实际上即藏书楼。因为砖殿殿内阴冷，无法居住，也无法在其中看书，但由于它为砖建筑，可以防火，所以用来藏书（据有关材料记述，此殿藏道教木刻达百余块，多半是道教符录咒文）。

黄盖亭在黄盖峰顶端，为清代康熙五十四年（1715）扩建的一座八角亭，上为重檐黄色琉璃瓦，俗称"黄盖亭"。

中岳庙两侧建筑还有神州宫、小楼宫、乾隆行宫、祖师宫、火神宫、太尉宫、龙王宫等。

汨罗屈子祠

　　屈子祠位于汨罗县汨罗江右岸的玉笥山上，是为纪念我国伟大的爱国诗人屈原而建。

　　屈子祠始建于汉代，清乾隆二十一年（1756）重建。祠内有三个砖砌大祠，连以围墙。祠内除正殿外，还有信芳亭、屈子祠碑等古迹。祠前靠江边有一块突出的土台，名"望爷墩"，据说当年屈原常和渔民一起外出打渔，晚暮之中，人们站在此台上盼望他平安归来。祠后右侧有一突出的土丘，其状如狮，面江而蹲，顶平，称"骚坛"，传说屈原曾在此写《离骚》。坛侧有一小桥，上刻"濯缨桥"三字，相传是屈原清洗帽缨之处。此外还有独醒亭、寿星台、剪刀池等古迹，反映了历代人民对屈原的怀念。

　　在玉笥山东北5千米的汨罗山上，有屈原墓群。相传屈原的尸体被打捞起来后，发现头已被鱼食去一半。于是他的孝女、女婿为他做了半边金脸，但又怕被盗，在埋葬时同时建了12座疑冢，现尚存数座。

湄州妈祖庙

妈祖，又称"天妃"、"天后"、"天妃娘娘"、"天上圣母"等，她是我国东南沿海民间信仰中的海洋保护神。对于妈祖的信仰产生于宋代，可以说妈祖是我国最年轻的海神，如今她在民间的影响早已大大超过四海龙王和其他的海神，成为我国东南沿海香火最旺的神灵。

湄州妈祖庙始建于北宋雍熙四年（987），当时规模很小，只有几间平房。后经宋、元、明、清四朝扩建，始成今日规模，并升级为天后宫。如今的湄州天后宫共有殿堂20余座，主要建有山门、前殿、正殿、寝殿、钟鼓楼、升天楼和香亭等。正殿中，妈祖头戴冕旒，身穿龙袍，披红挂金，高贵而慈祥。两边侍立有二文臣、四武将和水阙仙班十八员部将。在庙宇的后面，还有一座高大的石崖，上刻"升日古迹"，表示这里是妈祖升天羽化之处。在全岛的最高峰，近年来还建造了一尊巨型妈祖石雕像，石雕像下有一条9米宽的石阶大道，由323级石阶组成，象征着妈祖的诞辰：农历三月二十三日。

湄州妈祖祖庙是世界所有妈祖庙之祖，世界上所有的妈祖庙都是从湄州"分灵"出去的。每逢农历"三月二十三"妈祖诞辰日和农历"九月初九"妈祖升天日，四面八方的妈祖信众赶赴湄州寻根谒祖，并举行隆重的祭祀活动。

成都武侯祠

　　成都武侯祠是我国现存武侯祠中规模最大而又最负盛名的一座。

　　武侯祠坐落在四川省成都市区南郊，占地3万多平方米，布局严谨中见灵活，并不拘泥于形式。武侯祠建于何时，已无资料可考，但从唐朝大诗人杜甫的诗："丞相祠堂何处寻，锦官城外柏森森"来推断，在唐朝就已经建有武侯祠了。在唐、宋时期，这里分别有武侯祠和刘备庙；明代初年，祠庙合并为一；明末，祠庙毁于战乱。我们今天看到的武侯祠，是清代康熙十一年（1672）在旧址上重建的。

　　以刘备殿——诸葛亮殿为一线的殿堂和刘备墓构成了整个祠庙的主体建筑，这两部分建筑结构严谨，庄严肃穆。其中间及附近又有多处楼、榭、轩、舫，规整中见灵活，使整个建筑群动静相合，生趣盎然。

　　这座庙有一个重要特点就是君臣合祭，而且作为君主刘备的享殿——昭烈殿在前，而孔明殿在后，甚至此座祠堂还以诸葛亮为主，称作"武侯祠"。虽然到乾隆时曾称为昭烈庙，庙门上挂"汉昭烈庙"的金字匾额，但人们仍以"武侯祠"相称。

新疆和静巴伦台黄庙

和静巴伦台黄庙所在地在历史上是蒙古族居住的大草原，这个黄庙就是蒙古族的大型喇嘛庙。庙建在一个山丘的前端。从时间上看，应当是16世纪创建的，并分别于在19和20世纪进行了维修。整个建

筑为汉、藏混合式，这与内蒙古现存的或历史上的大喇嘛庙是同一风格。四周都做平顶，前端建有平顶廊子，三软二硬，也可以说是三虚二实。中间起一个汉式歇山式殿顶，突然高起，脊平梁正。各面开藏式窗。

按蒙古式风格修建的喇嘛庙，实际上就是汉、藏混合式建筑。在内蒙古地区有三种建筑式样：一是纯汉式，二是纯藏式，三是汉、藏混合式，这三种式样构成了内蒙古喇嘛庙的建筑风格。